普通高等教育“十三五”规划教材

电路实验与仿真

孙剑芬　主　编
慈文彦　副主编

西安交通大学出版社
XI'AN JIAOTONG UNIVERSITY PRESS

图书在版编目(CIP)数据

电路实验与仿真／孙剑芬主编. —西安:西安交通大学出版社,2018.8
ISBN 978-7-5693-0861-7

Ⅰ. ①电… Ⅱ. ①孙… Ⅲ. ①电路理论—实验—高等学校—教材 ②电子电路—计算机仿真—实验—高等学校—教材 Ⅳ. ①TM13-33 ②TN702-33

中国版本图书馆CIP数据核字(2018)第207886号

书　　名 电路实验与仿真
主　　编 孙剑芬
责任编辑 贺彦峰

出版发行 西安交通大学出版社
(西安市兴庆南路10号　邮政编码710049)
网　　址 http://www.xjtupress.com
电　　话 (029)82668357　82667874(发行中心)
(029)82668315(总编办)
传　　真 (029)82668280
印　　刷 陕西日报社

开　　本 787mm×1092mm　1/16　**印张** 10.25　**字数** 254千字
版次印次 2019年1月第1版　　2019年1月第1次印刷
书　　号 ISBN 978-7-5693-0861-7
定　　价 29.80元

读者购书、书店添货、如发现印装质量问题,请与本社发行中心联系、调换。
订购热线:(029)82665248　(029)82665249
投稿热线:(029)82668284

PREFACE 前言

电路实验是电路教学的重要组成部分，是培养学生通过实验的手段进行科学研究，并逐渐具备分析问题和解决问题能力的一个重要实践性环节。为了适应当前高等工科院校进行现代应用型人才培养的需要，编者总结近几年来实践教学改革的经验编写了这本电路实验教材。本书在内容安排上遵循由浅入深、循序渐进的原则，在保证基础实验的同时引入仿真软件 Multisim 用于电路分析，强调实用性，增加灵活性。

全书共分 5 章：第 1 章为绪论，介绍了电路实验的日的和意义、安全常识，并对学生提出了基本要求；第 2 章为电路测量的基本知识，介绍了测量及误差分析、实验数据处理、常见故障的排除；第 3 章为常用仪器仪表的使用，介绍了仪器仪表的基本性能及使用方法；第 4 章为电路基础实验，选编了 15 个基本电路操作实验，可供不同专业根据课时要求进行选择；第 5 章为计算机辅助电路分析，介绍了计算机虚拟仿真平台 Multisim 13.0 及其在电路实验仿真中的应用，并编写了 5 个典型的电路仿真实验。

由于实验学时和实验条件的限制，实验内容不能面面俱到，在编写过程中给予了适当的取舍和侧重，可根据教学对象和学时等具体情况对书中内容进行删减和组合。

南京师范大学周延怀教授仔细审阅了全稿，并提出了许多宝贵意见和建议,从而使本书的质量得以提高。同时,本书在编写过程中得到了南京师范大学泰州学院周爱军、陈亮等老师的大力帮助与支持,在此一并致以衷心感谢!

本书的编写参考了大量的优秀教材和资料,受益匪浅,在此对相关作者表示衷心的感谢!

限于编者的学识和水平,书中错误和欠妥之处在所难免,恳请广大读者批评指正。

编 者

CONTENTS 目录

第1章 绪论

1.1 电路实验的目的和意义

实验是人类认识自然、检验理论正确与否的重要手段。实验课是高等工科院校进行现代应用型人才培养的重要内容之一。电路实验是电路教学的重要组成部分，是培养学生通过实验的手段进行科学研究，并逐渐具备分析问题和解决问题能力的一个重要实践性环节。

电路实验作为一门独立的专业技术基础课程，其目的是通过实验帮助学生正确理解和巩固电路课程所学的基本理论知识，学会常用仪器、仪表的基本原理和使用方法，掌握有关电路连接、电量测量及故障排除等实验技巧，学习数据的采集与处理、各种现象的观察与分析，通过实验可以培养学生的动手能力和设计能力，进一步提高学生分析问题和解决问题的能力，在实验中逐步培养严谨的治学态度和科学作风。

本书电路基础实验内容包括验证性实验和综合设计类实验。验证性实验主要是针对电路课程中一些重要的基础理论进行验证，帮助学生认识现象，巩固理论知识，掌握基本的实验方法和技能；综合设计类实验则侧重于理论知识的综合应用，充分调动学生的学习创造性，将所学知识灵活运用于解决复杂的实际问题。

随着计算机的逐渐普及，EDA(Electronic Design Automatic，电路设计自动化)技术在电子行业的应用也越来越广泛，电路的计算机辅助分析成为电路理论分析的重要组成部分。对于电路设计者来说，Multisim 是一个极好的 EDA 工具，该软件直观的电路图和仿真分析结果的显示形式非常适合于电子类课程的实验教学环节，是一种非常好的电子技术实验工具，可以弥补实验仪器、元器件少的不足以及避免仪器、元器件的损坏，通过电路仿真，进一步培养学生的综合分析、开发设计和创新能力。

总之，本课程应当突出基本技能、综合设计能力、创新能力和计算机应用能力的培养，以适应新时代的要求。

1.2 安全用电常识

电给人类带来了光明和温暖,给人们的生产生活带来了很大的便利,随着家用电器应用的日益广泛,随之而来的安全隐患也越来越多,因此,用电安全不容忽视,每个人都应了解安全用电常识,并把安全用电摆在首要位置。安全用电主要包括人身安全和设备安全。

1.2.1 人身安全

1. 人体触电

人体组织中有60%以上是由含有导电物质的水分组成,因此,人体是个导体,当人体接触设备的带电部分并形成电流通路的时候,就会有电流流过人体,从而造成触电。

1)触电形式

人体触电形式主要有单相触电、两相触电和跨步电压触电。单相触电是最常见的触电方式,人体某一部分接触带电体,另一部分与地相接,电流通过人体流入大地形成回路。当人体的不同部位同时接触三相电源中的两相带电体而引起的触电称为两相触电,此时人体承受的电压比单相触电时高,危险性更大。如果高压电线掉落地面时,在一定范围内会产生电压降,人跨入该区域,两脚之间将存在电位差,从而发生跨步电压触电。因此,一旦遇到高压线落地,应停止行走,双脚并拢跳跃尽快远离危险区。

2)触电伤害

根据人体受伤害程度,人体触电可分为两大类:一类是电流通过人体时引起的内部器官创伤,称为“电击”,一旦发生电击,如触电者不能迅速摆脱带电体,极有可能危及生命。另一类是因用电造成人体外部器官的局部伤害称为“电伤”。

发生触电事故时,人体受伤害程度与电流流过人体的电流强度、持续的时间、电流频率、电压大小及流经人体的途径及急救方法得当与否等多种因素有关。由大量的事故统计研究表明,超过100mA的电流流过心脏、中枢神经等重要器官时,会在短时间内使人的心脏停止跳动。因此,一旦遇到有人触电,应迅速切断电源,

3)触电急救

作为电工人员,必须熟悉并掌握最基本的触电急救技术,如果遇到触电情况,应沉着冷静、迅速果断地采取应急措施。针对不同的伤情,实施相应的急救方法,争分夺秒地抢救,直到医护人员到来。

(1)立即切断电源关掉电源开关,或用绝缘物(木棒、椅子等)将电源线拨开,切忌徒手去拉触电者,以免抢救者自己被电流击倒。

(2)脱离电源后,若触电者神智清醒,呼吸心跳均正常,可将其抬至通风处静卧,严密观察,让其慢慢自行恢复。

(3)对呼吸和心跳停止者,应立即进行拳击复苏或口对口的人工呼吸和心脏胸外挤压,直至呼吸和心跳恢复为止。在就地抢救的同时,尽快呼叫120送医院急救,心跳停止前禁用强心针。

2. 安全电压

人体电阻主要由皮肤电阻和体内电阻构成,一般为1~100 kΩ。体内电阻基本上不受外界影响,约为0.5 kΩ。皮肤电阻占人体电阻的绝大部分,并且随外界条件的不同可在很大范围内发生变化,如皮肤潮湿出汗、带有导电性粉尘、加大与带电体的接触面积和压力以及衣服、鞋、袜的潮湿油污等情况,能使人体电阻降到几百欧,所以通常流经人体电流的大小是无法事先计算出来的。

为确定安全条件,往往采用安全电压来进行估算。根据用电场所不同,我们国家规定安全电压为36V、24V和12V。当人体接触36V以下的电压时,流经人体的电流不超过50 mA,因此规定一般工作环境的安全电压为36 V;在潮湿和易接触带电体的场合,安全电压为24V;在特别潮湿而触电危险性较大的环境(如金属容器、管道内施焊检修),限定安全电压为12V。这样,触电时通过人体的电流,可被限制在较小范围内,可在一定的程度上保障人身安全。

1.2.2 设备安全

为了确保用电设备的正常工作和安全运转,必须按设备工作要求供电。

(1)合理使用导线。导线的额定电流与导线截面、材料、绝缘层、敷设方法以及环境温度等有关。额定电流过大,浪费材料,施工困难;额定电流小于实际工作电流,导线发热,有引发火灾的危险。通常导线上均未标示电流额定值,具体可查阅电工手册,选用合适线径导线进行布线,避免导线超负荷供电。

(2)合理使用熔断体。当电路发生短路时,短路电流的巨大冲击会损坏电路中的用电设备。为确保用电设备安全,电路中必须接入合适的熔断体。常用的熔断体是保险丝,其规格由额定电流来决定。若保险丝的额定电流过大,则电路起不到应有的保护作用;若额定电流太小,有可能在非短路时保险丝被频繁熔断,从而影响了电路的正常工作。因此,熔断装置所用的保险丝必须与线路允许的容量相匹配,严禁使用铜、铁丝来代替保险丝。

(3)正确使用电源插座。为保证用电设备安全,并具有一定的使用寿命,生产厂家为用电设备规定了额定电压、额定电流及额定功率,并标在其铭牌上,使用前要选择正确的供电电压。当使用多联电源插座时,还应判断所有电器的总功率是否超过多联插座允许的额定功率,一旦超过其额定值,通过多联插座的电流愈大,其热效应愈高,从而导致电线和插座被烧毁，严重时还会引起火灾。所以。使用电源插座时切记不要“小马拉大车”。

(4)正确接线。严格按照使用说明进行接线，相线、零线和保护接地线应选用不同颜色导线进行区分，保护绝缘层，防止漏电；按规定将设备金属外壳采取接地保护，严禁使用接零代替接保护地，开关应与相线连接；根据实际情况，可在电源部分安装漏电保护器或空气开关来随时控制供电的通断，用电设备使用过程中，一旦遇漏电或其它意外使线路发生过载、短路、欠压等情况时能进行可靠地保护。

1.3 操作规程

在实验过程中，为了杜绝人身事故的发生以及防止仪表和仪器设备的损坏，实验者必须严格遵守下列安全操作规程。

(1)实验室电源总开关只能由指导教师操作，大功率实验设备用电必须使用专线，严禁与照明线共用，谨防因超负荷用电着火。

(2)接线前，学生必须检查实验用导线是否完好，实验中严禁使用破损的导线。

(3)学生必须保证所有接线的连接十分牢固，防止实验过程中线头脱落造成碰线、短接、开路等故障。

(4)实验中所有接线学生必须自行核对，然后经教师检查无误后方可接通电源。

(5)养成单手操作的习惯，防止电路故障时发生触电事故。

(6)在电路通电情况下，学生不可用手接触电路中不绝缘的金属导线或连接点，不用潮湿的手接触用电设备。

(7)不得私自打开、随意更换实验台上的熔断器(保险丝)。

(8)实验过程中如果学生要更改接线或更换仪表量程，必须先断开电源，临时断开的导线必须完全拆除，严禁一端悬空。

(9)实验中要随时注意仪器设备的运行情况，如遇到报警提示或发生异常现象，学生必须立即切断电源，待找出原因并排除故障后，经教师同意方可继续进行实验。

(10)电流表和功率表的电流线圈必须与负载串联，学生不可用电流表和万用表的电流、电阻挡测电压，万用表测量电阻需断开电源，以防止损坏仪表。

(11)测量时如果不知道被测电流的范围，应选用最大量程试测大致范围，再选用适当量程进行测量。

(12)全部实验结束后，学生必须先切断电源，再拆除接线，并整理实验物品及检查仪器是否完好，确认后方可离开实验室。

1.4 实验守则

为了维护正常的实验教学次序，提高实验课的教学质量，顺利的完成各项实验任务，确保人身和设备安全，特制定如下实验规则。

1. 实验前

(1)学生必须认真预习实验指导书中本次实验的内容，掌握必要的理论知识，明确实验目的，熟悉实验步骤，了解所用仪器的使用方法及注意事项，做到心中有数。

(2)学生进入实验室要衣冠整洁，不准穿拖鞋和背心；保持实验室干净、整洁，不准在实验室内吃任何食物。

(3)按指定座位就坐，服从指导教师和实验室管理人员安排。

2. 实验中

(1)保持室内安静，严禁实验时做与实验无关的事情。不准大声喧哗、嬉闹、吸烟、接打手机。

(2)保持室内及实验台桌面整洁，连接线、仪器排列有序，培养良好的实验习惯，仪器使用后及时复位，不要随便摆弄与实验无关的仪器。

(3)严格按照实验操作规程要求，不得随意连接电路。按需取用实验元件，插拔元器件和连接线时应轻拿轻放，严禁粗暴操作，如因违反操作规程损坏仪器者，一律按规定赔偿。

(4)实验时，精神集中，服从老师指导，独立进行实验操作，认真观察和分析实验现象，正确记录实验数据，培养严谨的科学态度与作风。

3. 实验后

(1)实验完毕应及时切断电源，整理有关仪器和设备，并填写仪器设备使用记录，实验结果必须经指导教师检查验收后方可离开。

(2)课后认真完成实验报告，根据理论知识和实验数据，进行误差分析，得出实验结论。实验报告要求书写工整，并按任课教师要求按时上交。实验报告的基本格式如下。

____________大学____________学院

电路实验报告

学院(系部)__________ 专业________ 年级________ 姓名______ 学号________
实验名称______________________________ 实验日期____________

一、实验目的

二、实验设备

三、实验原理

四、实验内容及步骤

五、实验结果及分析

六、实验思考题

七、实验心得体会

第2章　电路测量的基本知识

任何科学都是实验科学,科学实验离不开测量。测量以获取被测对象量值为目的,从中找出有用的信息,从而用它来认识世界,掌握事物发展变化的规律。在测量过程中,不可避免地存在误差。为了得到准确的实验结果,使误差降低至最小,必须具备关于电路测量的基本知识和误差分析、数据处理的能力。

2.1　测量的基本概念

2.1.1　测量及测量单位

测量是人们对自然界中的客观事物取得数量的一种认识过程,通过将被测物理量与作为标准单位的物理量进行比较,得到二者倍率关系,从而求出被测量的大小。测量结果通常由两部分组成,一是测量数值,二是测量单位,即

$$x = A x_0$$

上式表明,被测量的大小 x 等于 A 个单位量 x_0 。例如,某电流表满刻度值100mA,分为100等分,其单位量为毫安;若指针指在中间位置,则表示它的电流值等于单位量毫安的50倍。

单位是表征测量结果的重要组成部分,是物理量进行比较的基础。被测量的数值因所选定的测量单位不同而异,选定的测量单位不同,得到的数值也不同。测量单位的不统一,对科学技术的发展带来了种种不便。为了解决这个问题,1960年在第11届国际计量大会上,正式规定了一个以实用单位制为基础的统一单位制,命名为国际单位制,用符号SI表示。

国际单位制的基本单位共有7个,即

- 长度单位——米(m);
- 质量单位——千克(kg);
- 时间单位——秒(s);
- 电流单位——安培(A);

- 热力学温度单位——开尔文(K);
- 光强度单位——坎德拉(cd);
- 物质的量单位——摩尔(mol)。

这些基本单位可以任意地、彼此无关的加以规定,此外还有两个辅助单位,即平面角单位弧度(rad)和立体角单位球面度(sr)。其他所有物理量的单位均可由上述七个基本单位导出,如电路中常用的电磁学单位,伏特(V)、欧姆(Ω)、法拉(F)等。

2.1.2 测量的分类

一个物理量的测量可以通过不同的方法来实现。测量方法选择的正确与否,直接关系到测量结果的准确度。因此,在测量前,必须根据不同的测量对象、测量要求和测量条件,选择正确的测量方法。

1. 测量方式

根据获得测量结果的不同方式,可以把测量方式分为三类,即直接测量、间接测量和混合测量。

1)直接测量

直接测量是指将被测量与标准量直接比较,或使用事先刻有刻度的仪表进行测量,从而直接获得被测量值的测量方法。例如,用电流表测量电流,直流电桥测量电阻等,直接测量广泛应用于工程技术测量中,其优点是使用简单、便于操作、节约时间,缺点是不够精确,一般多用来进行普查。

2)间接测量

间接测量是指通过对与被测量有一定函数关系的其他量进行直接测量,然后再按这个函数关系计算出被测量值的测量方法。间接测量法一般适用于当被测量由于某些原因不能或不方便进行直接测量的场合。例如,伏安法测电阻,就是利用电压表、电流表分别测量出电阻两端的电压 U 及流经电阻的电流 I,然后根据欧姆定律 $R = U/I$ 计算出被测电阻值。此外,若间接法可得出比直接法更为精确的测量结果,也可以考虑采用间接测量。

3)组合测量

组合测量是指当有多个被测量,且它们与几个可直接或间接测量的物理量之间满足某种函数关系时,可通过改变测量条件进行多次测量,联立求解函数关系式(方程组)并求解,从而获得被测量的数值。例如,标准电阻的电阻值 R_t 与温度 t 之间满足如下关系:

$$R_t = R_{20}[1 + \alpha(t - 20) + \beta(t - 20)^2]$$

式中,t 为摄氏温度;R_{20} 为 $t = 20℃$ 时的电阻值;α 和 β 为标准电阻的温度系数。

为了测量标准电阻的温度系数 α 和 β,可通过改变温度值,在 20℃、t_1、t_2 这 3 个温度下，分别测出对应的电阻值 R_{20} 、R_{t_1} 、R_{t_2} ，并将它们代入上式，得到下列方程组

$$\begin{cases} R_{t_1} = R_{20}[1 + \alpha(t_1 - 20) + \beta(t_1 - 20)^2] \\ R_{t_2} = R_{20}[1 + \alpha(t_2 - 20) + \beta(t_2 - 20)^2] \end{cases}$$

解此方程组即可得到标准电阻的温度系数 α 和 β 。

2. 测量方法

测量是将被测量与作为测量单位的标准量进行比较，而作为单位复制体的度量器参与到这一比较过程可以是直接的，也可以是间接的。因此，根据测量过程是否有度量器参与，可以把测量方法分为直读法和比较法。

1）直读法

直读法是指利用直接指示被测量数值的指示仪表进行测量，直接在仪表上读取数值的方法。测量过程中，度量器不直接参与作用。例如，用欧姆表测量电阻，用电流表测量电流等均属于直读法测量，其测量过程简单，操作容易，然而准确度不高。

2）比较法

比较法是指将被测量与度量器通过较量仪器进行比较，从而获得被测量数值的方法。可见，在比较法中，度量器是直接参与作用的。例如，用电桥测量电阻，作为度量器的标准电阻在测量过程中始终参与比较。用比较法测量可以得到高的测量准确度，但测量操作过程比较麻烦，相应的仪器设备也比较昂贵。

综上所述，直读法与直接测量法，比较法与间接测量法，彼此并不相同，但又互有交叉。在实际测量中，究竟选用哪种方法，应由被测量对测量结果准确度的要求以及实验条件是否具备等多种因素决定。

2.2　测量误差及误差分析

真值，即被测量的真实值，在一定时间和空间内是客观存在的确定的数值。它是一个理想的概念，在实际测量中，被测量的真值一般是无法得到的，通常所说的真值实际上都是相对真值，是在特定研究的领域内，标准设备对被测量所测得的量值，一般常称为实际值。

在测量过程中，由于人们对客观认识的局限性、测量工具不准确、测量方法不完善、受环境影响以及测量工作中的疏忽等原因，都会不可避免地使测量结果与被测量真值存在差异，这个差异就称为测量误差，测量误差是一个很重要的用来表征测量结果可靠性的指标。

一切测量都具有误差，误差自始至终存在于所有科学实验的过程中。由于误差存在的必然性和普遍性，人们只能将它控制到尽量低的限度，因此，寻找产生误差的原因，认识误差的规律和性质，进而找出减小误差的方法就显得尤为重要。

2.2.1 误差的来源

测量误差的来源主要有以下几个方面。

1. 仪器误差

在测量过程中使用的测量仪器都具有一定的精密度，由于仪器本身的电气或机械性能不完善将导致测量结果的精度受到限制，这一误差称为仪器误差。例如，电桥中的标准电阻、示波器的探极线含有误差，仪表零件安装不正确，刻度不精确，出厂前没有校准所引起的误差也属于此类。因此，消除仪器误差应配备性能优良的仪器并定时对测量仪器进行校准。

2. 方法误差

方法误差是指由于测试方法本身不完善、间接测量时使用近似的经验公式，或试验条件不完全满足应用理论公式所要求的条件造成测量结果与真值不吻合。例如，伏安法测电阻时，若仅以电压表示值与电流表示值之比作为测量结果，而不考虑电表本身内阻的影响，就会引起方法误差。

3. 使用误差

使用误差，也称操作误差，是指由于操作人员在感觉器官鉴别能力上的局限性，仪器安装、调节、布置或者不规范操作所产生的误差。例如，将水平仪器垂直放置，未按操作规程进行校准等。为了减小使用误差，应做到测量前详细阅读仪器使用说明书，测量中严格遵守操作规程，提高实验技巧及对现象的分析能力。

4. 环境误差

环境误差是指在测量中仪器受到外界因素，如温度、湿度、气压、电磁干扰、机械振动、声音、光照及辐射等影响所产生的误差。

2.2.2 误差的分类

实验中误差的分类方法有多种，随研究的角度不同而异。根据误差的性质和特点，测量可以分为系统误差、随机误差和疏忽误差。

1. 系统误差

在相同条件下，对同一被测量进行多次测量，其误差的绝对值和符号保持不变，或条件发生变化时，误差按一定规律变化，这种误差称为系统误差。电路实验中系统误差的产生原因是多方面的，如测量仪器不完善、使用不恰当、测量方法采用近似公式以及外界因素等都有可能导致系统误差。

系统误差具有一定的规律性，一般来说，测试条件一经确定，系统误差即是恒定值，用多次测量取平均值的方法并不能改变误差的大小，且系统误差产生的原因可能不止一个，观测结果具有累加性，对测量结果质量有显著影响。

系统误差决定了测量的准确度，系统误差越小，测量结果越准确。由于系统误差总是遵循某种特定的规律，一般可以通过改变实验条件和实验方法，反复进行分析对比，找出误差产生的原因，针对其根源采取一定的技术措施，最大限度地设法消除或减小一切可能存在的系统误差，或者对测量结果加以修正。

2. 随机误差

随机误差又称为偶然误差。在相同条件下，对同一被测量进行多次测量，其误差绝对值时大时小，符号时正时负，均以不同预定方式变化，没有确切的变化规律。产生这种误差的原因是分析过程中种种不稳定随机因素的影响，如室温、相对湿度和气压等环境条件的不稳定，分析人员操作的微小差异以及仪器的不稳定等。

随机误差决定了测量的可靠性，随机误差越小，测量结果的可靠性越高。就一次测量而言，随机误差是没有规律、难以估计的，也不可能通过修正或采用实验的方法来消除。随着测量次数的增加，可以发现随机误差总体上服从正态分布。也就是说，从统计学的角度来看，大量重复测量的随机误差表现出了它的规律性，即随机误差绝对值的波动具有一定的界限，绝对值相同的正负误差出现的概率大致相等，可以相互抵偿，随机误差的算术平均值随测量次数的无限增大将逐渐趋于零。因此，若想使测量结果有更大的可靠性，可以通过对多次测量值取平均值的办法来减小随机误差。

3. 疏忽误差（粗大误差）

疏忽误差又称粗大误差，是指在一定测量条件下，测量结果明显偏离实际值所引起的误差。一般情况下，疏忽误差是在测量过程中由于测量人员疏忽大意造成的，例如读数的错误、操作方法不正确、测量方法不合理、记录和计算的差错等，此外测量条件突然发生变化，如仪器出现故障、出现不允许的干扰也是导致疏忽误差的原因。就测量数值而言，疏忽误差一般都明显超过正常情况下的系统误差和随机误差，比较容易被发现，测量后要进行详细地分析。凡确认含有疏忽误差的测量数据常称为“坏值”，坏值不可采用，应该剔除。

2.2.3　误差的表示方法

测量误差的表示方法有多种，最常用的是绝对误差和相对误差。

1. 绝对误差

被测量的实际测得值 x 与其真值 A 之差，称为 x 的绝对误差，用 Δx 表示，即

$$\Delta x = x - A$$

式中，A 为在规定时间和空间条件下，被测量所具有的真实大小。真值是客观存在的，但从测量角度讲，它是一个理想的概念，要确切获得，往往是很困难的。因此，大多数真值只能尽量逼近。在实验测量中，通常用准确测量的实际值 A_0 来代替上式中的真值 A，被测量给出值 x 与实际值 A_0 之差称为实际绝对误差，即：

$$\Delta x = x - A_0$$

式中，A_0 是满足规定准确度的实际值，可以由更高一级的标准仪器和基准量进行比较测得，在实际测量中，若无高级别的测量仪器，也可以用多次测量的算术平均值来表示实际值。一般情况下，若无特殊说明，绝对误差均指实际绝对误差。

绝对误差不是误差的绝对值。绝对误差可正可负，具有与被测量相同的量纲和单位，其数值的大小表明了测量值偏离实际值的程度，偏离越大误差也越大。但对于不同大小的被测量，用绝对误差往往难以确切地反映测量结果的准确度。例如，测量两个电阻，其中一个电阻 $R_1 = 1\text{k}\Omega$，其绝对误差 $\Delta R_1 = 10\Omega$；另一个电阻 $R_2 = 100\text{k}\Omega$，其绝对误差 $\Delta R_2 = 100\Omega$。虽然 ΔR_1 远小于 ΔR_2，但是我们不能因此得出 R_1 的测量较 R_2 准确的结论。因为 $\Delta R_1 = 10\Omega$ 相对于 $1\text{k}\Omega$ 来说占 1%，而 $\Delta R_2 = 100\Omega$ 相对于 $100\text{k}\Omega$ 来说却仅占 0.1%，由此看出，两者的误差影响是不同的，R_2 的测量反而比 R_1 的测量准确度更高。为了弥补绝对误差的不足，又引出了相对误差的概念。

2. 相对误差

绝对误差的表示方法有其不足之处，因此，通常用相对误差来衡量测量的准确度。

1）相对误差

所谓相对误差，是指测量的绝对误差 Δx 与被测量真值 A 的比值，通常用百分数表示。若 γ 表示相对误差，则

$$\gamma = \frac{\Delta x}{A} \times 100\%$$

相对误差是一个只有大小和符号，而没有单位的量，它表示测量值与真值之间的差异在真值中所占的百分比。相对误差越小，准确度越高。

2）实际相对误差

一般情况下真值是得不到的，所以可以用标准仪器测量的实际值 A_0 来代替真值，这时的相对误差称为实际相对误差，用 γ_0 表示，即

$$\gamma_0 = \frac{\Delta x}{A_0} \times 100\%$$

3）示值相对误差

在误差较小，要求不太严格的场合，用示值相对误差来表示测量的准确度比较方便。示值相对误差反映了绝对误差在给出值中所占的百分比，用 γ_x 表示，即

$$\gamma_x = \frac{\Delta x}{x} \times 100\%$$

式中，x 表示仪器测量得到的给出值。由于给出值 x 本身含有误差，所以 γ_x 只适用于一般工程测量中的近似测量。

4）引用相对误差

仪器仪表的基本误差是它本身所固有的，基本误差越小，测量所引起的这一方面的误差就越小，测量就越精确。为了评价测量仪器仪表准确度等级的方便，引入了

“引用相对误差”的概念。引用相对误差是绝对误差与测量仪器仪表量程(即满刻度值)的百分比,即

$$\gamma_n = \frac{\Delta x}{A_m} \times 100\%$$

式中,γ_n 为引用相对误差,A_m为仪器测量仪器仪表的量程。

仪表的精确等级是指测量仪器在整个量程范围内所出现的最大引用误差,表明仪表允许误差绝对值的大小,因此也称为容许误差,用 γ_{nm} 表示,即

$$\gamma_{nm} = \frac{|\Delta A_m|}{A_m} \times 100\%$$

式中,$|\Delta A_m|$ 是绝对误差绝对值的最大值,为了衡量仪表质量的优劣,通常用准确度等级来表示仪表的精确程序。按国家标准规定,电工仪表的准确度可分为0.1,0.2,0.5,1.0,1.5,2.5,5.0等7个等级。

2.3　实验数据的处理

通过实际测量取得测量数据后,通常还需要对这些数据进行很好的计算、分析和整理,并从中得到实验的最终结果,找出实验规律,这个过程称为数据处理。数据处理必须切实有效地反映客观的测量精度,不应提高或降低实验的测量精度

2.3.1　有效数字的表示与计算规则

在测量记录和数字计算中,最终用几位数字来表示测量或计算结果是极为重要的,它涉及有效数字及其计算规则的问题。

1. 有效数字的概念

由于测量中受仪器分辨率等因素的限制,测量结果不可避免地存在误差。同时,在进行数据计算时,遇到像π、e和$\sqrt{2}$等无理数,实际计算只能取其近似值。因此,测量过程中得到的数据不可能完全准确。一般情况下,每一个数据是由可靠数字和欠准数字两部分构成,即最后一位是估度的欠准数字,其余各位数字都必须是准确的。

为确切表示,通常规定测量数据的误差绝对值不大于末位单位数字的1/2,从它左边第一个不为零的数字开始,直到最后一个数字结束,都称为有效数字。例如,已测得某个电压为53.0V,其中数字“5”和“3”是准确可靠的,而最后一位数字“0”是估计出来的欠准数字,“5、3、0”都属于有效数字。此外,53.0 V还可以写成0.0530 kV,这时,前面的两个数字“0”却不属于有效数字,它仅与所用的单位有关,该数的有效数字仍为三位。因此,有效数字的位数与有效数字的书写形式、小数点的位置无关。

2. 有效数字的正确表示

(1)记录测量数据时,只允许保留一位不可靠数字。在无特殊规定情况下,允许

最后一位有效数字有 ±0.5 或 ±1 个单位的误差。

(2)数字“0”在数中可能是有效数字，也可能不是有效数字。对于读数末位的“0”不能任意增减，它是由测量设备的准确度来决定的。

(3)常数(如 π、e 等)及乘幂(如 $\sqrt{2}$ 等)的有效数字的位数没有限制，需要几位就取几位。

(4)大数值与小数值要用幂的乘积形式来表示，例如，测得某电阻值为 12000Ω，有效数字为三位，则记为 1.20kΩ，而不能记为 12000Ω。

(5)表示误差时，一般只取一位有效数字，最多不超过两位有效数字，如 ±1 %，±1.5 %。

3. 有效数字的修约规则

数值修约是对数值的位数进行限定性选取的一种处理。当有效数字位数确定后，多余的位数应一律舍去，其规则：

(1)被舍去的第一位数大于 5，则舍 5 进 1，即保留数字的末位数加 1，例如，把 0.37修约到小数点后一位数，结果为 0.4；

(2)被舍去的第一位数小于 5，则只舍不进，即末位数不变，例如，把 0.33 修约到小数点后一位数，结果为 0.3；

(3)被舍去的第一位数等于 5，而 5 之后存在不为 0 的数时，则舍 5 进 1，即保留数字的末位数加 1，例如，把 0.3501 修约到小数点后一位数，结果为 0.4；

(4)被舍去的第一位数等于 5，而 5 之后的数全为 0 或无任何数字，视 5 前面数而定，当 5 前面为偶数时，则只舍不进，即末位数不变，当 5 前面为奇数时，则舍 5 进 1，即末位数加 1，例如，把 0.250 和 0.350 修约到小数点后一位数，结果分别为 0.2 和 0.4。

4. 有效数字的运算规则

1)加减运算

加减运算时，参加运算的各数所保留的小数点后的位数，一般应与各数中小数点后位数最少的相同。例如，13.6、0.056 和 1.666 的 3 个数相加，小数点后最少位数是一位(13.6)，所以应将其余二数修约到小数点后一位，然后相加，即

$$13.6 + 0.1 + 1.7 = 15.4$$

其结果应为 15.4。

为了减少计算误差，根据需要修约时也可酌情多保留一位有效数字，即

$$13.6 + 0.06 + 1.67 = 15.33$$

其结果应为 15.3。

当两数相减时，如果参与减法的两数相接近，运算后将失去若干位有效数字，所带来的测量误差将很大。例如，13.6 与 12.87 相减，按规定先将 12.87 修约到小数点后一位，然后相减，即 13.6 − 12.9 = 0.7。由此例看出，原来相减的两个数的有效数字最

少为三位,而计算结果只剩下了一位有效数字,使实际的测量准确度大大降低了。因此,在测量和计算中应避免采用两数相减的情况。

2)乘除运算

乘除运算时,各因子及计算结果所保留的位数,一般以百分误差最大或有效数字位数最少的项为准,不考虑小数点的位置。例如,0.12、1.057 和 23.41 相乘,有效数字最少的是二位(0.12),所以先将其余二数分别修约到 1.1 和 23,则

$$0.12 \times 1.1 \times 23 = 3.036$$

其结果为 3.0。

同样,为了减少计算误差,也可在修约时多保留一位小数,即

$$0.12 \times 1.06 \times 23.4 = 2.97648$$

其结果为 3.0。

3)乘方及开方运算

乘方和开方运算时,其对应的运算结果比原数多保留一位有效数字。例如

$$(12.6)^2 = 158.8$$

$$\sqrt{4.8} = 2.19$$

4)对数运算

对数运算时,取对数前后的有效数字位数相等。例如

$$\ln 115 = 4.74$$

$$\lg 7.564 = 0.8788$$

2.3.2　测量数据的记录与整理

1. 测量数据的记录

测量数据包括测量仪表的显示值、仪表的量程、分格常数、单位、误差、测量条件等。按显示方式分类,可将测量仪表分为指针式仪表和数字式仪表。由于现在大部分使用的是数字式仪表,因此主要讨论它的测量数据记录。

1)数字式仪表读数的记录

从数字式仪表上可直接读出被测量的量值,读出值即可作为测量结果予以记录而无需再经换算。需要注意的是,对数字式仪表而言,若测量时量程选择不当则会丢失有效数字,因此在测量时,应合理选择数字式仪表的量程。例如,用某数字电压表测量 1.682V 的电压,在不同量程时的显示值如表 2-3-1 所示。

表 2-3-1　数字式仪表的有效数字

量程/V	2	20	100
显示值	1.682	01.68	001.6
有效数字位数	4	3	2

从上表可见，在不同的量程时，测量值的有效数字位数不同或量程不当将丢失有效数字。在此例中，只有选择“2V”量程才是恰当的。实际测量时，一般是使被测量值小于但接近于所选择的量程，不可选择过大量程。

2）测量结果的完整填写

在电路实验中，最终的测量结果通常由测得值和相应的误差共同表示。这里的误差是指仪表在相应量程时的最大绝对误差。例如，某电压表测得电压为 18.6 V，假设仪表的准确度等级为 0.3，则在 150V 量程时的最大绝对误差为

$$\Delta U_m = \pm \alpha\% U_m = \pm 0.3\% \times 150\ \text{V} = \pm 0.45\ \text{V}$$

工程测量中，误差的有效数字一般只取一位，并采用的是进位法，即只要有效数字后面应予舍弃的数字是 1 ~9 中的任何一个时都应进一位，这时的 ΔU_m 应取 ±0.5V，于是应记录的测量结果为

$$U = (18.6 \pm 0.5)\text{V}$$

注意，在测量结果的最后表示中，测得值的有效数字的位数取决于测量结果的误差，即测得值的有效数字的末位数与测量误差的末位数是同一数位。

2. 测量数据的整理

对在实验中所记录的测量原始数据，通常还需加以整理，以便于进一步分析，作出合理的评估，从而给出切合实际的结论。

1）排列数据

为了分析计算的便利，通常需要将原始实验数据按一定的排列顺序予以整理。当数据量较大时，这种排序工作可借助于计算机来完成。

2）剔除坏值

在测量数据中，有时会出现偏差较大的测量值，这种数据被称为离群值。离群值大致分为两类，一类是由粗大误差而产生的，或是因随机误差过大而超出了给定的误差界限所导致的，这类数据为异常值，属于坏值，应予以剔除；另一类同样因随机误差过大产生，但未超过规定的误差界限，这类测量值属于极值，应予保留。

在很多情况下，仅凭直观判断是很难区分粗大误差和较大的正常误差，这时可采用统计检验的方法来判别测量数据中的异常值。

3）补充数据

在测量数据的处理过程中，有时会遇到缺损的数据，或者需要知道测量范围内未测出的中间数值，这时可采用插值法（也称内插法）计算出这些数据。

2.3.3 实验数据的表示法

获取的实验数据在整理后应以适当的形式表示出来，以便进一步阅读、比较和分析计算。对实验结果的处理通常采用列表法和图形表示法两种方式。

1. 列表法

列表法就是将实验的原始数据进行整理分类后，按规律有序地放在一个特制的表格里，其形式紧凑，数据易于参考比较，这样既可以使实验结果一目了然，也为对其进行分析提供方便。

列表法是最基本和常用的实验数据表示方法，列表格没有统一的格式，但设计的表格要求充分反映量之间的关系，因此制表时要注意以下问题：

(1)表的名称及说明。表的名称应简明扼要，其内容一目了然。如遇过于简单而不足以说明原意的情况，则可在名称或表的下面附加说明，并注明数据来源。

(2)项目。项目应包括名称和单位。项目名称要求简练易懂，一般在不加说明即可了解的情况下，应尽量用符号表示。合理安排表格中的主项和副项，主项习惯上代表自变量 x ，副项代表因变量 y 。一般将能直接测量的物理量选作自变量，如电压、电流等。列表时，自变量须按逐渐递增或递减的顺序排列。此外，有量纲的物理量都必须标注单位。

(3)数值的写法。数值的书写应注意整齐统一，如每列数值的小数点应上下对齐，数值空缺处记为斜杠"/"，过大或过小的数值、应以幂的乘积形式来表示等。

(4)有效数字的位数。表中填写的数据既可以是测量值，也可以是计算值，但两者必须按有效数字的形式填写，有效数字的位数应适当取舍。自变量一般假定无误差，故可以用20、50来替代20.0、50.00。因变量的位数取决于数值本身的精确度，凡数值由理论计算得出的，可认为有效数字位数无限制；若是实验测得的数据，则取决于仪器仪表的精确度。

按上述要求，表2-3-2和表2-3-3分别给出了线性电阻和半导体二极管的伏安特性的示例。

表2-3-2 线性电阻的伏安特性

U/V	0.200	0.400	0.600	0.800	1.000
I/mA	7.80	13.00	20.2	27.1	34.5

表2-3-3 半导体二极管的伏安特性

U/V	0.000	0.200	0.400	0.500	0.600	0.680	0.800	0.880	0.920	0.940	0.955
I/mA	0.000	0.000	0.000	0.000	1.96	3.98	12.90	24.2	36.1	59.9	100.0

2. 图形表示法

将测量数据在图纸上绘制为图形，比列于表格中的数据更直观形象，能清晰地反映出变量间的函数关系和变化规律。

一般电路的变化规律是连续的，而测量数据却是有限的，这就需要把测量数据作为点的坐标放到坐标系中，然后将这些点连接起来，拟合成一条曲线。这种利用曲线表达实验结果的方法是图形表示法中最常用的，为使图形更加完整，获取更多的有用信息，绘图时要注意遵循以下惯例。

(1)建立坐标系。常用的坐标系有直角坐标、半对数坐标、对数坐标、极坐标等。在电路实验中,前两种方法用的居多。当自变量变化的范围不大时,可采用直角坐标,一般以函数 $y = f(x)$ 的自变量 x 作为横坐标即可;当自变量变化范围较大时,为了观察曲线的全貌,一般采用半对数坐标,这时则以自变量 x 的常用对数 $\lg x$ 作为横坐标。

(2)绘制坐标轴。坐标轴的方向、原点、刻度、函数及单位要一应俱全。横轴和纵轴上若没有给出标值以表明其增值方向,应分别在横、纵轴线上加上箭头。一般以两坐标轴的交点为坐标原点,若所有数据点都远离坐标原点,则允许平移坐标轴,但绘图区域必须覆盖所有数值。坐标轴上标记的分度比例要大小合适,两个坐标轴的外侧应标出该坐标轴所代表的物理量及其单位。

(3)坐标轴分度。坐标轴的分度及比例的选择对正确反映和分析测量结果至关重要。原则上坐标轴的最小分度恰好能反映有效数字的精度,即标记所用的有效数字的位数应与原始数据有效数字的位数相同。横、纵坐标的分度可以不同,应根据具体情况确定,原则是使所绘曲线图形的大小能明显反映出变化规律。除特殊要求外,一般按得到正方形或1:1.5 的矩形图来选定各坐标的分度单位。

(4)取数描点。测量时要将所有的特殊点(如零点、极值点等)取到,要求按照曲线曲率小的地方多取、曲率大的地方少取的原则,取足够数量的数据,然后根据数据对应的坐标描点。由于同一坐标系有时会有多条曲线绘制,因此可以用实心圆、空心圆或叉等符号区分各组数据,或使用不同颜色区分不同数据,但同一组数据必须采用相同的符号或颜色。

(5)拟合曲线。拟合曲线要光滑,粗细一致。由于测量数据不可避免地存在误差,所以在一般情况下不可以直接将各数据点连成一条折线,也不要作出一条弯曲很多的曲线硬性通过所有的数据点。正确的拟合方法是绘制一条光滑的、拐点尽可能少的曲线,使所有坐标点到该曲线的最短距离之和为最小。对于曲线拟合的严密处理,需要借助于最小二乘法、回归分析等复杂的数学工具。

为使图形准确反映测量或计算精度,若有条件,也可以借助于计算机进行绘图,根据表 2-3-2 和表 2-3-3 给出的数据,典型的二维曲线如图 2-3-1 所示。

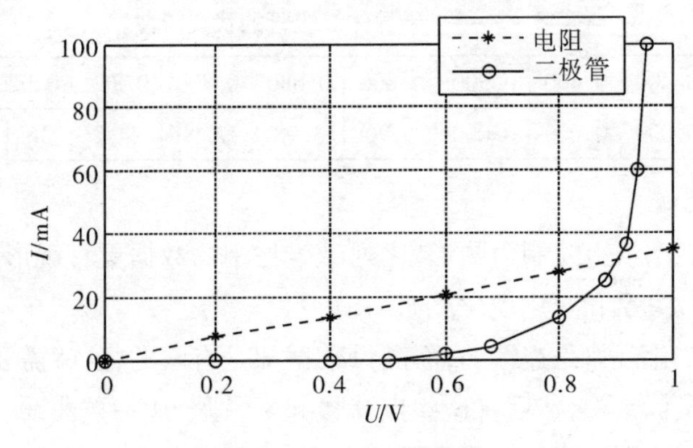

图 2-3-1　二维曲线

2.4　常见故障及故障排除

对初学或实验经验还不丰富的实验者来说，在电路中几乎不可避免地会出现这样那样的故障。因此，检查和排除电路故障是实验的重要内容之一。能否迅速、准确地找出故障并排除，反映了实验者对理论知识和实践技能的掌握水平。

2.4.1　故障产生的原因

产生故障的原因多种多样，主要可以分为仪器自身故障和人为操作故障。

1. 仪器自身故障

仪器自身故障是在仪器使用的基本条件满足、操作正确的情况下，仪器无法正常工作。实验中仪器出现故障的原因很多，一般可归纳如下：

(1) 仪器自身工作状态不稳定或损坏。如工作时间过长，导致仪器内部温度升高，使内部电子器件的参数发生改变，造成信号源输出信号的频率发生漂移。

(2) 仪器旋钮松动，偏离了正常位置，使测量值与理论值严重不符。

(3) 仪器测量线损坏或接触不良，导致输出无信号。

2. 人为操作故障

人为操作故障是指仪器本身并无故障，而是由实验者操作错误或操作时未按仪器基本工作条件而使仪器进入自保护状态或部分功能失效。一般而言，人为操作故障的原因主要有四个方面，即测量方法不正确、元器件故障、接线错误和设计错误。

1) 测量方法不正确

实验者由于疏忽或对仪器不熟悉，往往不能够正确选择或操作测量仪器。例如，交流电路电压的有效值本应使用交流毫伏表测量，很多操作者却用万用表的直流挡来测量，所测得的结果当然就不正确了；如果量程选择过大或过小，也会使显示屏无显示或显示溢出；甚至有人直接就在电阻挡上测量电压，从而造成仪器的损坏，等等。因此，在电路出现故障时，首先要确认选择的测量方法是否正确。

2) 元器件故障

为提高元器件的使用率，实验中的元器件有时需要反复使用，这样难免有所损坏。因此，在确保测量方法正确的基础上，可通过看、闻、听、摸等手段对所使用的元器件进行性能的检测。例如，从外观看元件是否完整、有无烧过的痕迹，接电后闻电路是否有焦味，用耳朵听声音有无异常，用手摸元器件的温度是否存在异常，等等。

3) 接线错误

据有关统计，在实验过程中大约 70% 以上的故障是由接线错误引起的。常见的接线错误主要有：忘记接地或错接电源、错接地，导线因过多插拔而断裂或接触不良，导线裸露部分相碰造成短路等。接线错误一般可通过“断电测电阻、通电测电压”的方法,用万用表来判断电路的故障部位。

4)设计错误

电路设计错误导致实验结果出不来、线路布局不合理引起的内部干扰也将造成与预期结果的偏差。在实验中,排除了元器件和接线错误后,实验结果仍不理想,就要考虑设计思路是否合理。

2.4.2 排除故障的一般方法

查找故障的顺序可以从输入到输出,也可以从输出到输入,通过仪器仪表的显示状况、气味、声音、温度等异常反应及早发现故障。一旦发现异常现象,应立即切断电源,关闭仪器设备。在不清楚是何原因造成的情况下,首先应当排除因操作错误导致的简单故障,然后借助仪器或仪表及操作者的经验来检查和判断,迅速找出故障点并排除,使电路尽快恢复正常,防止由于处理不当致使故障继续扩大,造成不必要的损失。下面介绍几种排除故障的常用方法。

1. 直接观察法

在实验中应保持灵敏的观察力,采用“看、听、闻、摸”的常规检查方法来排除故障。用眼睛仔细观察各种开关、操作键是否正常,元器件有无老化、变形、冒烟及明显的爆裂;通电试听电路有无异常声音,如是否有电流声、机械运转是否正常;用鼻子闻电路有无焦糊味或其他怪味;由元器件轻微局部短路引起的故障,用手触摸会感觉有明显的发烫迹象。通过以上方法往往能很快地找出电路损坏的部分,更换元器件后,应进一步查对实验电路图,搞清损坏器件的原因,彻底排除故障。

2. 电阻测量法

如果仅凭观察不易发现问题,可关闭实验电路中的电源,利用万用表的欧姆挡逐个测量电路每一部分的电阻值,根据被测点的阻值大小来判断各元器件是否损坏,导线是否断线或短路,插件是否接触不良,电容、二极管是否被击穿等。例如,电路中某两点应该导通,其电阻理应很小,而万用表测出它的电阻非常大,那就说明这两点间存在开路故障。

3. 电压测量法

在电路实验中,若电路工作不正常,但不是破坏性故障时,可接通电源,用万用表的电压挡,对每个节点进行检查,根据被检查点电位的高低找出故障点。一般从电源电压查起,首先察看电源电压是否正常,若电源输出不正常,应断开外电路,单独查看电源的输出;若电源输出正常则继续向后顺序检查各元件、各支路是否有正常的电压降,这样可以逐步缩小故障范围,最后断定故障所在。

4. 信号寻迹法

在信号频率较高的实验中，可利用示波器观测各节点电压波形来查找故障点。黑色线夹始终与电压参考点相连接，红色线夹从信号输入端开始，逐一观测各节点或元器件管脚的信号波形和振幅是否正常，通过分析、判断找出原因，排除故障。

在选择检测方法时，要针对故障类型和实际线路结构情况选用，检测方法不当，有可能损坏仪表、元器件，甚至发生触电。例如，高电压或者发生短路故障时，不宜采用通电法检测；而被测电路中若含有场效应管、大电容等元件时，不宜采用断电法检测。

总之，故障检查中，实验者必须集中精力，保持头脑清醒。根据理论对电路各部分的工作状态做到心中有数，具体问题具体分析，这样才能对故障点判断准确无误。

第3章　常用仪器仪表的使用

能直接指示被测量大小的仪表叫指示仪表。用来测量电压、电流、功率、相位、频率、电阻、电容及电感等电量的指示仪表称为电测量仪表，简称电工仪表。电测量仪表的主要用途是借助它来比较被测电量与测量单位的关系，所以按不同的比较方法，将电测量仪表分成直读式和比较式两类。前者测量结果直接仪表显示和读出，因此有测量迅速、使用方便、结构简单等优点；而后者需要将被测量与标准量进行比较并通过调节达到平衡后得到结果，例如电桥、电位差计等，与直读式仪表相比，比较式仪表准确度高，但操作不够简便。

直读式仪表按显示方式又可分为指针式仪表和数字式仪表，它们的主要作用是将被测电量转换成仪表活动部分的偏转角位移或数字显示。通常，电测量仪表由测量机构和测量线路两部分组成。测量线路的作用是将被测量（如电压、电流、功率等）变换为测量机构可以直接测量的电磁量，如电压表的附加电阻、电流表的分流器电路等都属于测量线路。测量机构是指示仪表的核心部分，指针式仪表的偏转角位移和数字仪表的显示部分都是靠它实现的。智能仪器的测量机构不仅包含计算机系统，而且还有合适的软件配套。

电测量仪表的种类繁多，分类方法也很多。常见的分类方法如下：

（1）根据测量仪表的结构及工作原理分为磁电式、电磁式、电动式、静电式、感应式、整流式等。

（2）根据测量对象的名称分为电流表（安培表、毫安表、微安表）、电压表（伏特表、毫伏表）、功率表（瓦特表）、欧姆表、电度表（瓦时表）、相位表（功率数表）、频率表以及多种用途的仪表如万用表、伏安表等。

（3）根据使用方式分为开关版式、便携式。

（4）根据仪表的工作电流的种类分为直流仪表、交流仪表、交直流两用表。

此外，电测量仪表还可按测量仪表的准确度等级、对电场磁场防御能力以及使用条件等来分类。

电测量仪表不仅能测量各种电参量，它与各种变换器相结合，还可以用来测量非电量，例如温度、压力、位移、速度等。因此，几乎所有科学和技术领域中都要应用各种不同的电测量仪表。

3.1 万用表

万用表也称三用表，是一种最常用的电测量仪表，以测量电压、电流和电阻三大参量为主，有些新型的万用表还增加了扩展功能，如频率、电容、电感、二极管及三极管参数等。根据显示方式的不同，万用表有指针式和数字式两种。在一般测试及电路检查时，用指针式较为方便；在需要测量数据及读数的场合，采用数字式则更方便。

3.1.1 指针式万用表

1. 指针式万用表的结构面板

指针式万用表的形式很多，但基本结构是类似的，主要由表头、测量线路和转换开关三部分组成。下面以国产 MF－47 型指针式万用表为例，简介它的结构组成及功能，其面板图如图 3－1－1 所示。

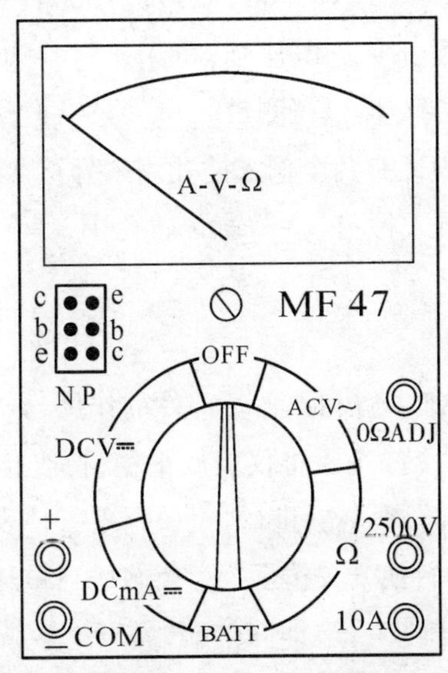

图 3－1－1　MF－47 型万用表

1）表头

表头采用高灵敏度的磁电式机构，是测量的显示装置。它的满刻度偏转电流一般为几个微安到几百微安。表头的全偏转电流越小，其灵敏度也越高，这样表头的特性就越好。

表头上的表盘印有多种符号、刻度线和数值。符号 A—V—Ω 表示这是一只可以测量电流、电压和电阻的多用表。表盘上印有多条刻度线，右端标有“Ω”的是刻度值分布不均匀的电阻刻度线，其右端为 0，左端为 ∞。符号“－”或“DC”表示直流，“~”或“AC”表示交流。刻度线下的几行数字是与选择开关的不同挡位相对应的刻度线。

另外,表盘上还设有机械零位调整旋钮,用以校正指针在左端的指零位。

2)测量线路

万用表的测量线路实质上就是多量程直流电流表、多量程直流电压表、多量程整流式交流电压表以及多量程欧姆表等几种线路组合而成。测量线路中的元件是各种类型和各种数值的电阻元件,此外在测量交流电压的线路中还有整流元件。

3)转换开关

转换开关是一个多挡位的旋转开关,里面有固定的接触点和活动接触点,当固定接触点和活动接触点闭合时可以接通电路,用以选择测量种类和量程。

MF-47型万用表测量项目包括:"mA"—直流电流、"V"—直流电压、"V~"—交流电压、"Ω"—电阻。每个测量项目又划分为几个不同的量程(或倍率)以供选择。

当转换开关拨到直流电流挡,用于测量"0-0.05mA-0.5mA-5mA-50mA-500mA-5A"量程范围的直流电流。同样,当转换开关拨到欧姆挡,可用R×1、R×10、R×100、R×1k、R×10k倍率分别测量电阻;当转换开关拨到直流电压挡,可用于测量"0-0.25V-1V-2.5V—10V—50V—250V-500V—1000V—2500V"量程范围的直流电压;当转换开关拨到交流电压挡,可用于"0-10V-50V-250V—500V—1000V—25000V"量程范围的交流电压测量。

此外,MF-47型万用表还有两个输入插孔用来外接测试表笔,表笔分为红、黑两支,使用时应将红色表笔插入标有"+"号的插孔中,黑色表笔插入标有"-"号的插孔。

2.使用方法

使用万用表前,必须仔细了解和熟悉各部件的作用,分清表盘上各条刻度线所对应测量的量。使用万用表时,首先要将仪表放平稳,检查指针是否在零位,若不在零位,可用螺丝刀调节表盘上的调零器,进行"机械调零",使表针指向零位。

(1)测量直流电压。将转换开关拨至"V"挡的适当量程上,将两表笔跨接在被测电路两端,红表笔接被测电压"+"端即高位端,黑表笔接被测电压"-"端即低位端,然后根据量程与标直流符号"DC"刻度线上指针所指数字来读出被测电压的大小。

(2)测量交流电压。交流电压的测量方法与直流电压测量方法大致相同,不同之处是转换开关要拨至交流电压挡以及红黑表笔连接时不需区分正负极。万用表交流电压挡只适用于测量正弦交流电压,且表头指针所指的数值表示正弦电压的有效值。

(3)测量直流电流。将转换开关拨至"mA"挡的适当量程上,断开被测支路,将红、黑两表笔串接在被断开的两点之间,同时注意红表笔接被测电路的电流流入端,黑表笔接被测电路的电流流出端。然后根据量程与刻度线上指针所指数字读出被测电流的大小。

(4)测量电阻。电阻测量时要断开电源,表内装入电池,转动开关至所需测量的电阻挡，将红黑表笔短接，调节零欧姆旋钮，使指针对准欧姆“0”位上。然后分开表笔，将两表笔跨接在被测电阻的两端进行测量，读出电阻值的大小。

指针式万用表虽有保护装置，但为了避免发生意外损坏，在使用时仍应注意量程转换开关必须拨在需测挡位，不能接错；选择合适的量程以减小测量误差，当被测电压或电流未知时，应先拨到最大量程试测，防止表针打坏；注意不可带电转换量程开关。

3.1.2　数字式万用表

数字式万用表采用集成电路模数(A/D)转换器和液晶显示器，将被测量的数值直接以数字形式显示出来的一种电子测量仪表，具有精度高及测量电压时内阻大的优点，这类万用表目前在国内外都得到了越来越广泛的应用。下面我们将对它的主要特点、面板结构、使用方法及注意事项进行简单介绍。

1. 主要特点

(1)数字屏幕显示，直观准确，无视觉误差。

(2)测量精度和分辨率都很高。

(3)输入阻抗高，灵敏度好，对被测电路影响小。

(4)测量速率快，测量范围宽。

(5)测试功能齐全，具有自动调零、极性显示、超量程显示及低压指示等功能。

(6)保护功能齐全，有快速熔断器、过压、过流保护装置，使过载能力进一步加强。

(7)集成度高，功耗低，抗干扰能力强，在强磁场环境也能正常工作。

(8)便于携带，使用方便。

2. 面板结构

数字万用表的结构形式多种多样，表面上的功能与量程选择开关布局也各有差异，因此在使用万用表前，应仔细了解和熟悉各部件的作用，分清表盘上各条标度尺所对应测量的量。

以DT-830型数字万用表为例，其面板结构如图3-1-2所示，主要包括液晶显示器、电源开关、量程转换开关、h_{FE}插口和输入插孔，各部分的名称和作用如下：

(1)液晶显示器：采用大字号LCD显示器，显示各种被测量的数值，包括小数点、正负号及溢出状态。仪表具有自动调零和自动显示极性的功能。如果被测电压或电流的极性为负，则在显示值前面出现符号“-”。当电池的电压低于7V时，显示屏的左上方显示低电压指示标志，提示需要更换电池。超量程时显示“1”或“-1”，视被测电量的极性而定。小数点由量程开关进行同步控制，使小数点左移或右移。

(2)电源开关：接通和切断表内电池电源。电源开关在POWER下边标有符号“OFF(关)”和“ON(开)”。当电源开关拨至“ON”，接通电源，即可使用仪表；使用完毕后将开关拨至“OFF”位置，以免空耗电池。

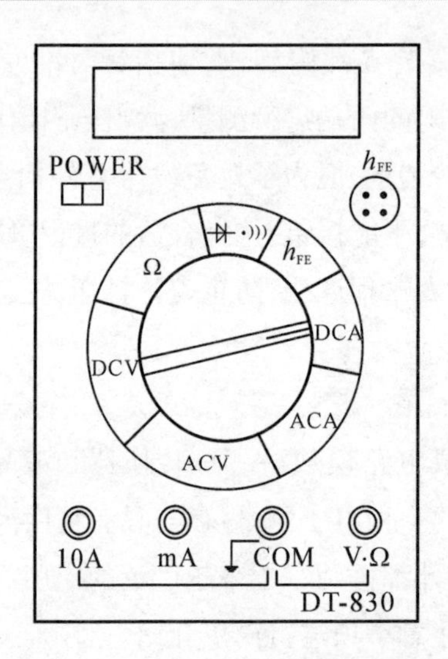

图 3-1-2　DT-830 型数字万用表

(3)量程选择开关:根据具体情况转换不同的量程、不同的物理量。量程开关可完成测试功能和量程的选择。

(4) h_{FE} 插口:用来进行晶体管参数的测量。h_{FE} 插口采用四芯插座,上面标有 B、C、E。其中 E 孔共有 2 个,在内部连通。测量晶体三极管 h_{FE} 值时,应将 3 个电极分别插入 B、C、E 孔。

(5)输入插孔:用来外接测试表笔。输入插孔共有 4 个,分别标有"10A""mA""COM"和"V·Ω"。在"V·Ω"与"COM"之间标有"MAX 750V ~ 1000V ⎓"的字样,表示从这两个孔输入的交流电压不得超过 750V,直流电压不得超过 1000V。另外在"mA"与"COM"之间标有"MAX 200mA",在"10A"与"COM"之间还标有"MAX 10A"字样,分别表示输入的交、直流电流的最大允许值。

3. 使用方法

(1)直流电压测量。将红表笔插入"V·Ω"插孔,黑表笔插入"COM"插孔。将量程开关拨到"DVC"范围内的合适量程,并将测试表笔并接到待测电源或负载两端,红表笔所接端子的极性将同时显示。当测量值显示前有"-"号时表示黑表笔测量端为高电位,红表笔测量端为低电位;反之,测量值显示前无"-"号。若不知被测电压的范围,应将功能开关置于最大量程并逐渐下调。

(2)交流电压测量。将量程开关拨到"AVC"范围内的合适量程,表笔接法同上。表笔无正负方向,所以交流电压显示值前不会有"-"号。

(3)直流电流测量。黑表笔插入"COM"插孔,当待测电流小于 200mA 时,红表笔插入"mA"插孔;当待测电流大于 200mA 时,红表笔插入"10A"插孔。将量程开关拨到"DAC"范围内的合适量程,并将测试表笔串联接入待测负载回路里。当测量值显示前有"-"号时表示电流的方向是从黑表笔流进,红表笔流出。

(4)交流电流测量。将量程开关拨到"ACA"范围内的合适量程,表笔接法同(3),

无符号显示。

(5)电阻测量。将黑表笔插入“COM”插孔,红表笔插入“ V · Ω ”插孔。量程开关拨至“ Ω ”范围内的合适量程,并将测试表笔并接到待测电阻两端。如果被测电阻阻值太小(如 10 Ω 以下的精密电阻),注意应先将两个表笔短接,测出表笔线电阻,然后在测量中减去这个数值。

(6)二极管检验。将量程开关拨到“⊣▶⊢”范围内的合适量程,表笔接法同(5)。正常情况下,当红表笔接二极管正端,黑表笔接二极管负端,此时二极管正向导通,显示值为二极管的正向压降,而二极管反接时则显示过量程“1”,否则就可以初步估测该二极管被击穿。

(7)蜂鸣器通断检查。量程开关拨至“ ·)))”位置,表笔接法同(5),将表笔接至被检查电路的两端(被检电路断开电源),如果所查电路的电阻在 20 Ω 以下,内置蜂鸣器发声,表示线路导通。

(8)晶体管 h_{FE} 测试。量程拨至 h_{FE} 位置,先确定晶体管是 NPN 或 PNP 型,然后将将晶体管分别插入 e、b、c 相应的插孔,显示屏上可直接读出其 h_{FE} 电流放大倍数。

4. 注意事项

数字万用表的一般使用方法上面已经做了比较详细的说明,为了确保它的正常使用,这里对在使用过程中的注意事项做进一步说明。

(1)每次测量前必须核对转换开关的位置,切不可用欧姆挡或电流挡去测试电压,否则电表会烧毁。

(2)测量时应先估计被测量的大小,尽可能选用接近满刻度的量程;若无法估计时,应调到最大量程,再根据测量值确定合适的量程。

(3)仪表显示“1”或“ -1”表示过载,即实际输入已超过仪表的量程。

(4)严禁在测量时拨动量程开关,特别是在高电压、大电流的情况下,以防产生电弧烧坏量程开关。

(5)测量结束后应及时关闭电源,将旋钮拨到空挡或交流电压最大量程上,以防下次测量时疏忽而损坏万用表

(6)当显示“BATT”或“LOW BAT”时,表示电池电压低于工作电压,应及时更换电池,以免影响测量精度。

3.2　交流毫伏表

交流毫伏表又叫电子电压表,是一种特殊的交流电压表,主要用来测量毫伏级以下的毫伏、微伏正弦交流电压的有效值。

交流毫伏表种类很多,按测量信号频率的高低可分为低频、高频和超高频毫伏表;

按放大电路元器件的不同可分为电子毫伏表、晶体管毫伏表和集成电路毫伏表，最常见的是晶体管毫伏表，如 DA－16、SX2172 等；按所测信号的频率范围的不同可分为音频毫伏表、视频毫伏表和超高频毫伏表等；按显示形式可分为指针式毫伏表和数字式毫伏表。下面主要介绍指针式毫伏表的特点、结构、使用方法和注意事项。

1. 交流毫伏表的特点

与一般的交流电压表相比，交流毫伏表具有输入阻抗高、测量频率范围广、灵敏度高等特点。因此，在电子电路的测量中得到广泛的应用。

(1)输入阻抗高。毫伏表的输入电阻一般高达几百千欧甚至几兆欧。在测量时，仪表与被测电路并联接入，输入阻抗越高，对测量电路的分流作用越小，其测量结果越接近于被测交流电压的实际值，对被测电路的影响越小。

(2)测量频率范围广。毫伏表的工作频率一般在 5 Hz ～ 5 MHz，有的甚至更宽，可测量 300 V 以内的正弦交流电压有效值，而普通万用表的交流电压挡信号频率一般为 45Hz ～ 1KHz。在实际应用中，频率相差很大会导致极大的测量误差，因此，尽量不采用普通万用表的交流电压挡去测量较高频率交流信号的有效值。

(3)灵敏度高。灵敏度反映了毫伏表测量微弱信号的能力，灵敏度越高，测量微弱信号的能力越强。一般毫伏表最低电压可测到微伏级。

2. 面板结构

实验室一般使用的是低频、指针显示式晶体管毫伏表，如 DA－16 型，它可在 20Hz－1MHz 的频率范围内测量 100μV－300V 的交流电压，输入阻抗为 1MΩ，精度≤±3%。

下面以 DA－16 型交流毫伏表为例，面板如图 3－2－1 所示，其面板各旋钮功能如下：

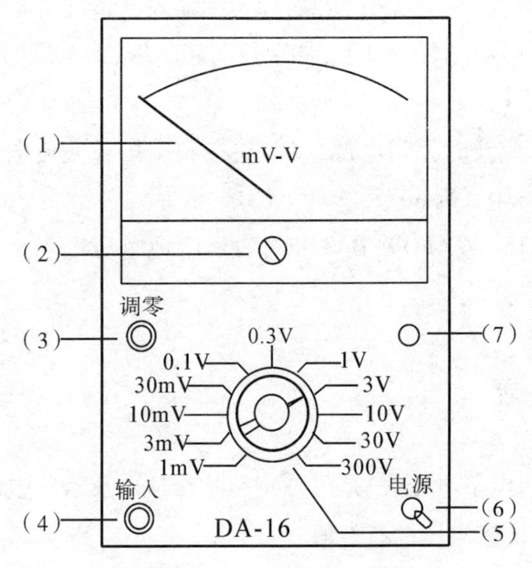

图 3－2－1　DA－16 型交流毫伏表

(1)表头及刻度:表头上有三条刻度线,供测量时读数之用。第一、二条刻度是用来观察电压值指示数,第三条(-2dB~12dB)刻度线用来表示测量电平的分贝值。

(2)机械调零螺丝:当毫伏表输入端信号电压为0时(输入端短路),电表指示应为0,否则需调节该旋钮。

(3)零点调整旋钮:当毫伏表输入端信号电压为零时(输入端短路),电表指示应为零,否则需调节该旋钮。

(4)输入端:采用同轴电缆线作为被测信号电压的输入引线,在接入被测电压时,同轴电缆外层屏蔽线与被测电路的公共地端相连接。

(5)量程选择旋钮:用以选择仪表的满刻度值,分1、3、10、30、100、300mV,1、3、10、30、300V共11挡量程。各量程挡并列有附加分贝(dB)数,可用于电平测量。

(6)电源开关:开关拨至"开",电源即被接通。

(7)指示灯:接通电源开关,指示灯亮,反之则灭。

3.使用方法

(1)机械调零。通电前将毫伏表垂直放置,检查电表指针是否在零位,如不在零位,应用一个绝缘起子调节机械调零螺丝,使指针置零。

(2)电气调零。将毫伏表输入端红、黑鳄鱼夹短接,量程开关置于最高量程(300V),接通电源,待指针摆动数次至稳定后,校正调零旋钮,使指针对准零位。每换一次量程,应重新电气调零。

(3)选择量程。根据被测电压的大小合理地选择量程,观察表头指针在刻度盘上所指的位置。如果事先无法估计被测电压的大致数值,应先将毫伏表的量程开关置最高量程,用递减法由高量程向低量程变换,直到表头指针指到满刻度的2/3左右即可。

(4)连接被测电路。将输入测试探头上的红、黑鳄鱼夹断开后与被测电路并联。接线时先将黑鳄鱼夹接地线,红鳄鱼夹后接另一端。拆线时先断开不接地的一端,然后断开地线。

(5)准确读数。表头刻度盘上共刻有3条刻度。第一条刻度和第二条刻度为测量交流电压有效值的专用刻度,应根据量程开关的位置,按对应的刻度线读数。第三条为测量分贝值的刻度,测电平时的读数方法:实际电平值(dB)=量程开关所指电平数(dB)+表针指示的电平数(dB)。

测量完毕后,应将量程选择开关拨至高量程挡,再将毫伏表与被测电压端断开,避免感应电压损坏仪表。

4.注意事项

(1)测量前必须调零。接通电源后,需预热数分钟,使仪表达到稳定工作状态。

(2)注意在额定的频率范围内测量,所测交流电压的有效值不得大于300V。

(3)由于毫伏表灵敏度较高,使用时必须正确选择接地点。毫伏表的地线应与被测电路的地线接在一起,以减小测量误差。

(4)接线时,应先接地线,再接测量线;拆线时,应先拆测量线,再拆地线,以免在较高灵敏挡级(毫伏挡)触及输入端而使表头指针打弯。

(5)交流毫伏表仅适用于正弦交流电压有效值的测量。对于非正弦信号,测量读数有误差,需改用示波器或其他仪器进行测量。

(6)用毫伏表测量市电(即220V电)时,相线接输入电缆的信号端,中线接电缆屏蔽线,并注意机壳是否带电,否则会有安全隐患。

3.3 功率表

功率表又称瓦特表,是专门用于测量电路平均功率的仪表。功率表按显示方式可分为指针式功率表和数字式功率表。电路实验室一般配备的是指针式交、直流功率表。测量直流电路中负载的功率时,功率表的读数为电压和电流的乘积,即 $P = UI$;测量正弦交流电路中负载的功率时,功率表的读数为 $P = UI\cos\varphi$。其中,电压 U 和电流 I 均为有效值,φ 为电压与电流的相位差,$\cos\varphi$ 为功率因数。

1. 功率表的面版结构

D26 - W 型功率表结构简单,可测量直流及交流(50Hz)电路中的电流、电压和有功功率,是实验室常用的指针式单相功率表。

D26 - W 型功率表面板图如图 3 - 3 - 1 所示,它有 2 个电流量程(2.5A、5 A)和 3 个电压量程(150V、300V、600V)。功率表内有两个完全相同的电流线圈,其端子分别被引到表面接线柱上,且可通过电流量程换接片来实现两线圈的串联或并联,以得到这两种电流量程。串联时,电流量程换接片按面板图中实线的接法,此时电流量程为一个线圈的额定电流,其量程为 2.5A;如换接片按虚线连接,即功率表两个电流线圈并联,则电流量程为两线圈额定电流之和 5A。电压线圈在功率表内串联一个阻值很

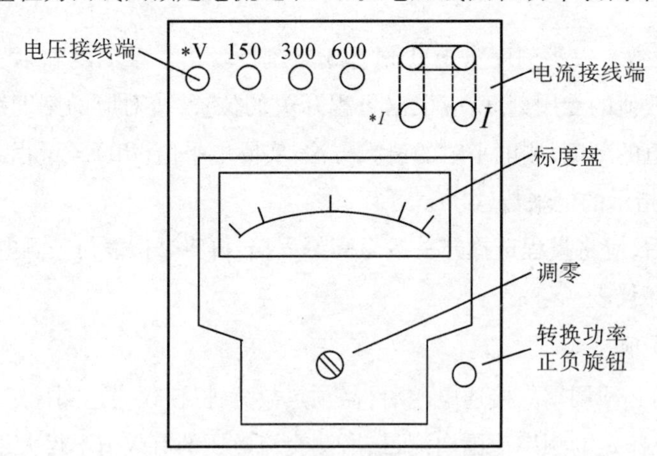

图 3 - 3 - 1 D26 - W 型功率表

大的附加电阻，通过改变附加电阻值的方法来扩大电压量程，各不同电压量程端都被引到表面不同的接线柱上。此外面板下端还有标度盘、指针零位调整器、转换功率正负的旋钮等。

2. 功率表的使用

1）接线规则

对于指针式功率表，在使用中，电流线圈必须与被测电路串联，而电压线圈在表内串联一个附加电阻 R 后与负载并联。接线时必须将有相同符号"*"的端钮接在同一根电源线上。当弄不清电源线在负载哪一边时，若发现指针反向偏转，可拨动换向旋钮，使指针正向偏转。

功率表有两种接线方式，一种是电压线圈前接法，即电流线圈串联在被测电路中，而电压线圈在表内串联一个阻值很大的附加电阻 R 后与负载电流并联。为了减小测量误差，当电路负载为高阻抗时，宜采用这种接法，如图3－3－2(a)所示，仪表电流线圈通过的电流显然是负载电流，但电压线圈两端电压却等于负载电压加上电流线圈的电压降；另一种是电压线圈后接法，如图3－3－2(b)，仪表电压线圈上的电压等于负载电压，但电流线圈中的电流却等于负载电流加上电压线圈的电流，这种接法适用于低阻抗负载的电路。

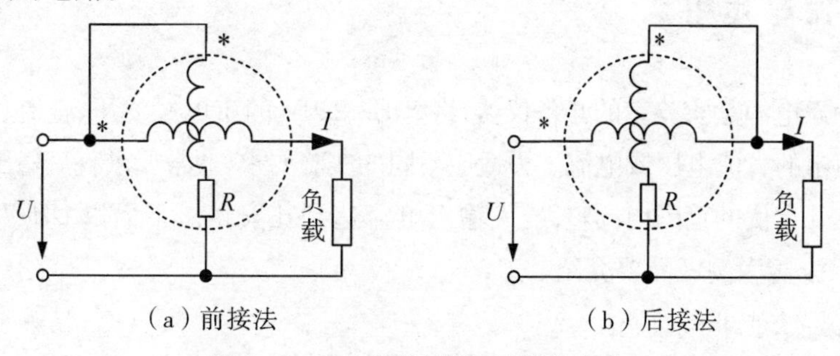

(a) 前接法　　(b) 后接法

图3－3－2　功率表的两种接线方式

使用功率表时，不仅要求被测功率数值在仪表量程范围内，而且要求被测电路的电压和电流值也不超过仪表电压线圈和电流线圈的额定量程，否则会烧坏仪表的线圈。因此，选择功率表量程，就是选择其电压和电流的量程。

2）读数方法

在多量程功率表中，刻度盘上只有一个标尺，它不标瓦特数，只显示分格。因此，功率表需按公式换算得出，即

$$P = C\alpha$$

式中，P 为被测功率，单位为瓦特(W)；α 为电表偏转格数；C 为电表功率常数，单位为瓦/格(W/div)，它与功率表各量程的使用有关，可按下式计算

$$C = \frac{U_n \times I_n}{\alpha_n}$$

式中，U_n 为电压线圈额定量程；I_n 为电流线圈额定量程；α_n 为标尺满刻度总格数。

例如，D26－W 型功率表的标尺满刻度总格数为 150div，若电压量程选择 300V，电流量程选择 2.5A，则电表的功率常数

$$C = \frac{300 \times 2.5}{150} = 5\text{W/div}$$

如果测量时指针偏转 20div，则负载所消耗的功率

$$P = C \times \alpha = 5 \times 20 = 100\text{W}$$

3. 注意事项

(1) 仪表使用时应放置水平位置，远离强电流导线和强磁性物质，以免增加仪表误差。

(2) 仪表指针如不在零位上，可利用表盖上的零调器将指针调至零位上。

(3) 不能按功率读数选择量程，应根据负载的额定电压和额定电流来分别选择电压量程和电流量程。

(4) 瓦特表测量时如遇仪表指针反方向偏转时，应改变换方向开关的极性，可使指针正方向偏转，切忌互换电压接线，以免使仪表产生附加误差。

3.4 直流稳压电源

直流稳压电源是实验室的必备仪器，将 50Hz、220V 的市电经变压、整流、滤波、稳压变为输出恒定的直流电压或电流。为适应不同的实验要求，通常要求直流稳压电源的输出电压能在几十伏的范围内调整，最大输出电流达到几安培。下面以 DH1718E－4 型双路跟踪示波器为例做简要介绍。

1. 主要性能指标

(1) 输出电压 0～32V 可调，输出电流 0～3A 可设定。

(2) 输入电压 220(1 ± 10%)V，频率 50(1 ± 5%)Hz，输入电流约 1A，输入功率约 250VA。

(3) 负载效应：稳压 $5 \times 10^{-4} + 2\text{mV}$；稳流 20mA。

(4) 电源效应：稳压 $5 \times 10^{-4} + 2\text{mV}$；稳流 $5 \times 10^{-4} + 5\text{mA}$。

(5) 输出调节分辨率：稳压 20mV，稳流 50mA。

(6) 跟踪误差：$5 \times 10^{-3} \pm 2\text{mV}$。

(7) 指示仪表精度等级：电压 2.5 级(1% +6 个字)，电流 2.5 级(2% +10 个字)。

(8) 温度范围：工作温度 0～+40℃；储存温度 0～+45℃

(9) 可靠性：大于 5000 小时

2. 面板结构

DH1718E－4 型双路直流稳压电源面板图如图 3－4－1 所示，各部件作用如下：

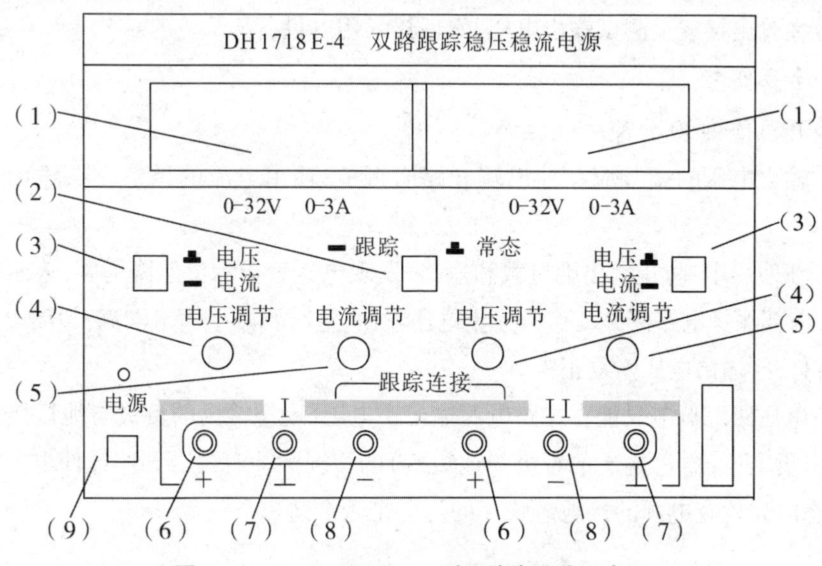

图3－4－1　DH1718E－4型双路直流稳压电源

(1)数字显示窗:显示左、右两路电源输出电压/电流的值。

(2)电压跟踪按键:此键按下,左右两路电源的输出处于跟踪状态,此时两路的输出电压由左路的电压调节旋钮调节。此键弹出为非跟踪状态,左右两路电源的输出单独调节。

(3)数字显示切换按键:此键按下数字显示窗显示输出电流值,弹出显示输出电压值。

(4)输出电压调节旋钮:调节左、右两路电源输出电压的大小。

(5)输出电流调节旋钮:调节电源进入稳流状态时的输出电流值,该值便为稳压工作模式的最大输出电流(达到该值电源自动进入稳流状态),所以在电源处于稳压状态时,输出电流不可调得过小,否则电源进入稳流状态,不能提供足够的电流。

(6)左、右两路电源输出的正极接线柱。

(7)左、右两路电源接地接线柱。此接线柱与电源的机壳相连,并未与电源的正极或负极连接。可通过接地短路片将其与电源的正极或负极相连接。

(8)左、右两路电源输出的负极接线柱。

(9)电源开关:交流输入电源开关。

3. 使用方法

(1)将直流稳压电源接入220V、50Hz的正弦交流电源。

(2)将电压连续调节旋钮逆时针转到零。

(3)根据所要求的输出电压的大小调节步进选择开关至至合适的挡位。

(4)打开面板上的电源开关,指示灯亮。

(5)顺时针调节电压连续调整旋钮至所需电压值,此值可在电压/电流表显示出来。

(6)在输出接线上测试输出电压,然后接入用电设备。

4. 注意事项

(1)开机预热 30 分钟。

(2)输出电压的调节应在输出端开路时调节;输出电流的调节亦在输出短路时进行。

(3)在使用中,防止输出端过载和短路,发现电压表指示突然降为零,表示输出电流过大,内部保护电路部分动作而停止电压输出,这时要减小输出电流,关闭电源开关后,重新打开,输出电压恢复正常。

(4)电压跟踪调节只能在左路电源输出正电压(电源输出的负极与地短接),右路电源输出负电压(电源输出的正极与地短接)的情况下才有效,因此,欲使电源工作于跟踪状态应先检查电源的接地短路片的位置是否合适。

3.5 函数信号发生器

函数信号发生器实际上是一种多波形信号源,可以直接输出正弦波、方波、三角波、锯齿波、脉冲波等。由于其输出波形均可用数学函数描述,故而得名函数信号发生器。EE1641 函数信号发生器是一种精密的测量仪器,能够输出连续信号、扫频信号、函数信号、脉冲信号等多种信号,并具有外部测频功能,是电路实验室经常使用的电子仪器之一。

1. 技术参数

(1)输出频率:0.2Hz ~ 2MHz,按十进制分类,共分 7 挡。

(2)输出阻抗:函数输出为 50Ω;TTL 同步输出为 600Ω。

(3)输出信号波形:函数输出(对称或非对称输出)为正弦波、三角波、方波;TTL 同步输出为脉冲波。

(4)输出信号幅度。函数输出:不衰减(1 ~ 10Vpp),衰减 20dB(0.1 ~ 1Vpp),衰减 40dB(10 ~ 100mVpp),衰减 60dB(1 ~ 10mVpp);TTL 同步输出:$U_L \leqslant 0.8V$,$U_H \geqslant 1.8V$。

(5)输出信号直流电平调节范围:关或(-5 ~ +5V) ±10%(50Ω 负载)。“关”位置时输出信号所携带的直流电平 $<(0 \pm 0.1)V$。负载电阻 ≥1MΩ 时,调节范围为(-10 ~ +10V) ±10%(空载)。

(6)输出信号衰减:0dB/20dB/40dB,三挡可调。

(7)输出信号类型:单频信号、扫频信号、调频信号(受外控)。

(8)输出非对称性(占空比)调节范围:25% ~ 75%(“关”位置时输出波形为对称波形)。

(9)扫描方式:内扫描为线性/对数扫描方式;外扫描由 VCF 输入信号决定。

(10)内扫描特性:扫描时间为(10ms ~5s) ±10%;扫描宽度 >1 个频程。

(11)外扫描特性:输入阻抗为 100kΩ;输入信号幅度 0 ~2V;输入信号周期 10ms ~5s。

(12)输出信号特性:正弦波失真度 <2%;三角波线性度 >90%;脉冲波上升、下降沿时间≤15ns(测试条件:f_o =10kHz、U_o =1Vpp)。

(13)输出信号频率稳定度: ±0.1%/分钟。

(14)幅度显示:显示位数三位;显示单位 Vpp 或 mVpp;显示误差 20% ±1 个字。

(15)频率显示:显示范围 0.2Hz ~20MHz;频率稳定度 5×10^{-5}/d;输入电阻 500kΩ/30pF;输入电压范围(衰减 0dB)50mV ~2V(10Hz ~20MHz),100mV ~2V(0.2 ~10Hz)。

2. 面板功能说明

EE1641D 型函数信号发生器面板如图 3 -5 -1 所示。

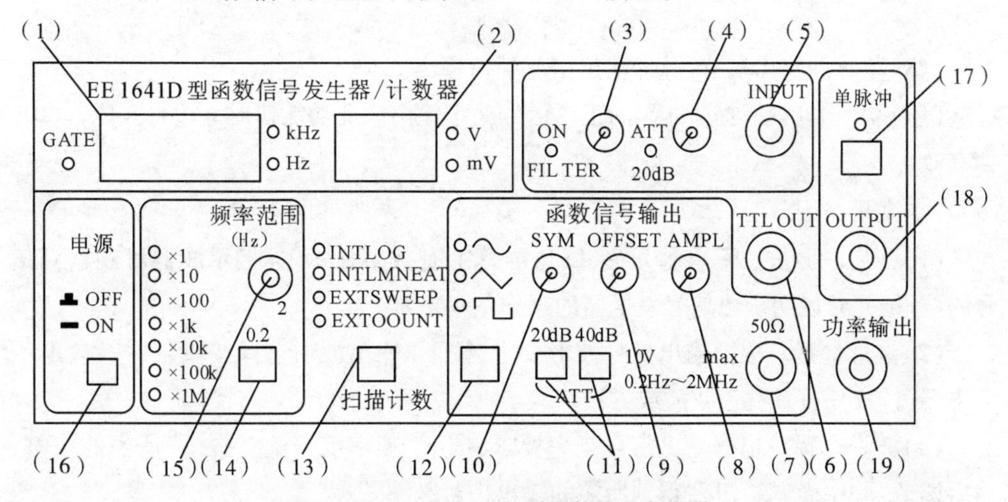

图 3 -5 -1　EE1641D 型函数信号发生器

(1)频率显示窗口:LED 显示屏上数字显示输出信号的频率或外测信号的频率。

(2)幅度显示窗口:显示函数输出信号的幅度。

(3)速率调节旋钮:调节此电位器可调节扫频输出的扫频范围。

(4)扫描宽度调节旋钮:调节此电位器可改变内扫描的时间长短。

(5)外部输入端:当“扫描/计数键 13”功能选择在外扫描状态或外测频信号由此输入。

(6)TTL 信号输出端:输出标准的 TTL 脉冲信号,输出阻抗为 600Ω。

(7)函数信号输出端:输出多种波形受控的函数信号,输出幅度 20Vpp(1MΩ 负载),10Vpp(50Ω 负载)。

(8)函数信号输出幅度调节旋钮:调节范围 20dB。

(9)函数信号输出信号直流电平预置调节旋钮:调节范围 - 5V ~ +5V(50Ω 负载),当电位器处在中心位置时,则为 0 电平。

(10)输出波形、对称性调节旋钮:调节此旋钮可改变输出信号的对称性。当电位器处在中心位置时,则输出对称信号。

(11)函数信号输出幅度衰减开关:“20dB”“40dB”键均不按下,输出信号不经衰减,直接输出到插座口。“20dB”“40dB”键分别按下,则可选择 20dB 或 40dB 衰减。

(12)函数输出波形选择按钮:可选择正弦波、三角波、脉冲波输出。

(13)“扫描/计数”按钮:可选择多种扫描方式和外测频方式。

(14)频率范围选择按钮:每按一次此按钮可改变输出频率的 1 个频段。

(15)频率微调旋钮:调节此旋钮可微调输出信号频率。

(16)整机电源开关:按键揿下时机内电源接通,整机工作;此键释放为关掉整机电源。

(17)单脉冲按键:控制单脉冲输出,每揿动一次此按键,单脉冲输出电平翻转一次。

(18)单脉冲输出端:单脉冲输出由此端口输出。

(19)功率输出端:提供 4W 的正弦信号功率输出。此功能仅对 ×100, ×1k, ×10k 挡有效。

3. 使用方法

(1)开启电源。按下电源开关,LED 屏幕上有数字显示,连接示波器可观察到信号的波形,此时说明函数信号发生器的工作基本正常。

(2)波形选择。根据输出信号波形要求,按下“输出波形选择按钮”的按键,电压输出端可输出三角波、正弦波或方波。

(3)频率选择。根据输出信号频率要求,按下“频率范围选择按钮”适当的按键,然后调节“频率微调旋钮”,得到所需的输出信号频率。

(4)幅值确定。根据输出信号幅度要求设定“输出幅度衰减开关”,然后调节“输出幅度调节旋钮”至所需的输出电压大小。

(5)占空比调节。根据需要调节“输出波形、对称性调节旋钮”得到所需要的占空比。

(6)直流偏置。根据需要调节“输出信号直流电平预置调节旋钮”得到输出信号中所需的直流分量。

(7)其他。在电路实验中还经常用到“TTL 信号输出端”和“功率输出端”。前者主要输出标准的 TTL 脉冲信号,后者是为了提高函数信号发生器的带负载能力。

3.6　示波器

示波器是一种能把随时间变化的电信号转换为波形显示的电子仪器。利用示波器除了能对电信号进行定性的观察和分析，还可以用它来进行一些参量的测量，如电压、电流、周期、频率、相位差、幅度、脉冲宽度、上升及下降宽度等测量；若借助于传感器，还能对压力、温度、声、光、磁效应等非电量进行测量。因此，示波器被广泛地应用于电子电路测量中。

1. 示波器结构

示波器主要由示波管、Y 轴（垂直）放大器、X 轴（水平）放大器、扫描信号发生器和供电电源五部分组成。图 3－6－1 是示波器的结构方框图。

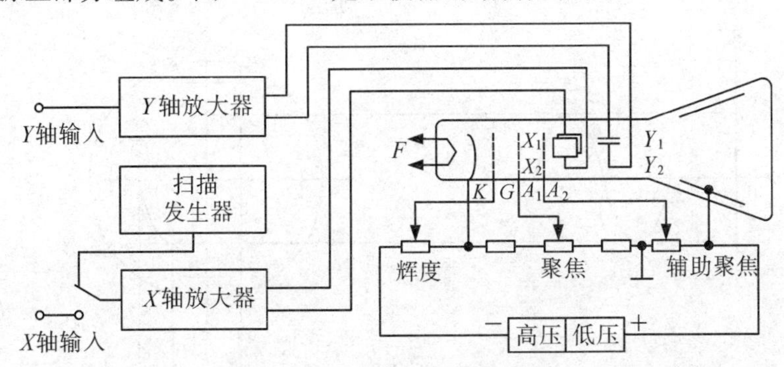

图 3－6－1　示波器的结构方框图

（1）示波管。示波管是示波器的核心部件，它由电子枪、偏转系统和荧光屏组成。示波管各级加上相应的控制电压，对电子枪阴极发射的电子束进行加速和聚焦，使高速而集中的电子束轰击荧光屏构成光点。当电子束通过偏转板时，在偏转板电场力的作用下，发生水平和垂直两个方向上有规律的偏移，其偏移位置随偏转板上电压信号的变化而变化，光点在荧光屏上移动的轨迹就形成了信号的波形。

（2）Y 轴放大器。Y 轴放大器能够把微小的电压信号放大，然后加在示波器的垂直偏转板上，使光点在垂直方向上随被测信号的变化而产生移动，形成光点运动轨迹。

（3）X 轴放大器。X 轴放大器的作用与 Y 轴放大器类似，由机内扫描发生器产生与扫描电压有固定时间关系的锯齿波信号，经 X 轴放大器放大后加在水平偏转板上，使光点在水平方向上随时间线性偏移，形成时间基线。

（4）扫描信号发生器。扫描信号发生器的作用是产生与时间成线性关系的周期性的锯齿波电压。为了获得清晰稳定的信号波形，锯齿波的周期应为被测信号周期的整数倍。

（5）供电电源。示波器的电源能够提供机内各放大器、扫描与同步电路以及示波管与控制电路所需的高低压直流电源、灯丝电压等。

2. 示波器的波形显示原理

1）波形显示

当我们将被测信号（如交流电压正弦）加在 Y 轴偏转板上，而 X 轴偏转板不加扫描电压时，电子束在正弦电压的作用下作垂直方向的往复运动，这时在荧光屏上就会呈现一条垂直线段。同理，若只有扫描电压作用在 X 轴偏转板上，则在荧光屏上看到的只能是一条水平线段。

要能显示波形，必须同时控制 X 轴偏转板和 Y 轴偏转板上的电压。我们知道，被测电信号是关于时间的函数，若在 X 轴偏转板上加一个与时间变量成正比的锯齿波扫描电压，则电子束在正弦电压和扫描电压的共同作用下，同时产生上下和左右的偏移，就会在荧光屏上显示正弦被测信号的波形，如图 3－6－2 所示。

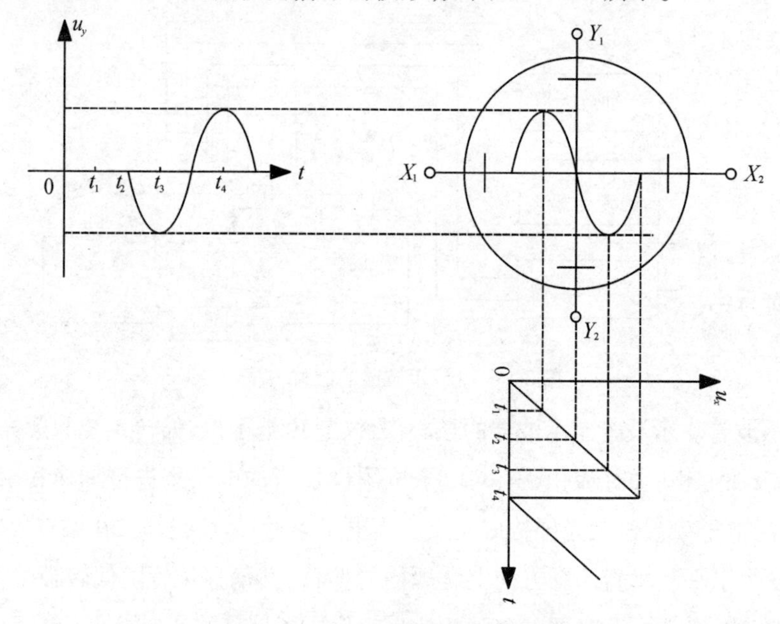

图 3－6－2　波形显示原理示意图

需要指出的是，只有锯齿波扫描电压的周期与 Y 轴被测信号电压的周期完全相等时，电子束才能在荧光屏上合成一个完整而稳定的波形。如果扫描电压的周期是正弦波电压周期的整数倍（n 倍），则荧光屏上就会出现 n 个周期稳定的波形，示波器的这种工作状态称为同步。

2）双踪形成

在电子测量技术中，常常需要同时测量几个信号，并对这些信号进行电参量的测试和比较，这就需要在一个荧光屏上能同时显示几个波形。为了实现这个目标，常用的方法是多踪示波。以双踪示波器为例，示波器的双踪显示是利用一个专用电子开关来实现两个波形的同时显示。电子开关的工作方式有“交替”和“断续”两种。

当开关置于“交替”位置时，电子开关的转换频率受扫描系统控制，波形显示原理如图3－6－3所示。在第一个扫描周期，电子开关首先接通 Y_2通道，显示由该通道送入的被测信号的波形；第二周期电子开关使 Y_1通道打开，显示 Y_1通道的被测信号波形；如此重复，在荧光屏上轮流显示出两个信号的波形。由于电子开关的转换速度较快，那么利用荧光屏的余晖和人眼的视觉暂留特性，我就会看到荧光屏上同时显示出两个波形，这种工作方式适用于频率较高的被测信号的场合。如果被测信号的频率较低，交替显示的速率很慢，图形将出现闪烁，不宜采用“交替”方式，而应采用“断续”方式。

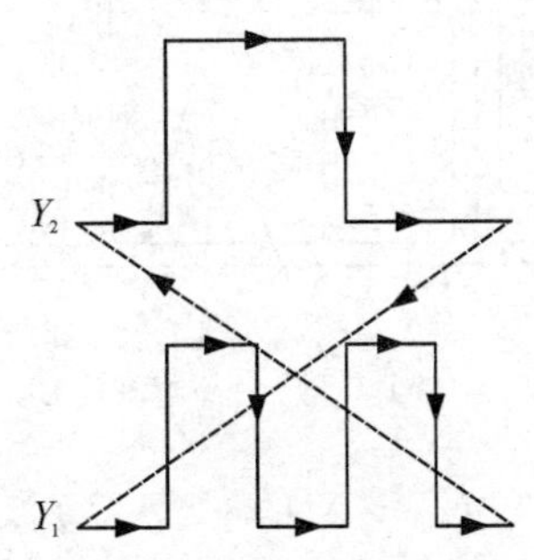

图3－6－3　交替方式波形显示

“断续”工作方式的波形显示原理如图3－6－4(a)所示，电子开关将一次扫描分成许多个相等的时间间隔，依次间隔使 Y_1通道和 Y_2通道轮流接通，即对两个被测信号波形轮流地进行实时取样，从而在荧光屏上得到若干取样点所构成的“断续”波形。由于电子开关转换速率很高，光点靠得很近，其间隙用肉眼几乎分辨不出，再利用消隐的方法使两通道间转换过程的过度线不显示出来，如图3－6－4(b)所示，实际上在荧光屏上看到的是连续的信号波形。

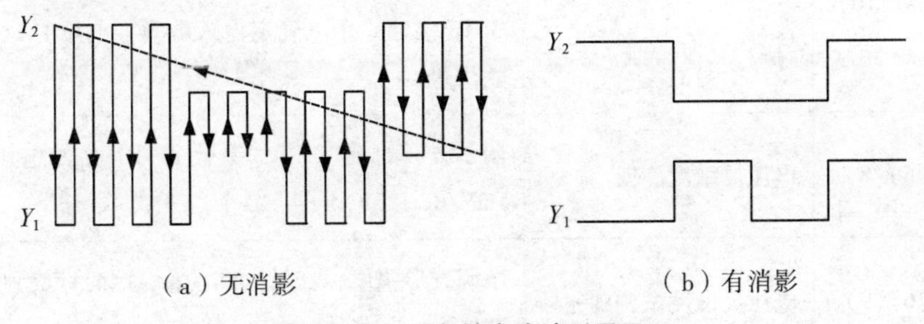

(a) 无消影　　(b) 有消影

图3－6－4　断续方式波形显示

3. 双踪示波器的面板及功能介绍

示波器的型号和种类很多，不同类型或型号的示波器的控制面板构成是有区别的，因而在具体的操作使用上略有差异，但主要的功能与操作方法是相似的。下面以XJ4328型双踪示波器为例，面板如图3－6－5所示，各按键/旋钮的功能如表3－6－1所示。

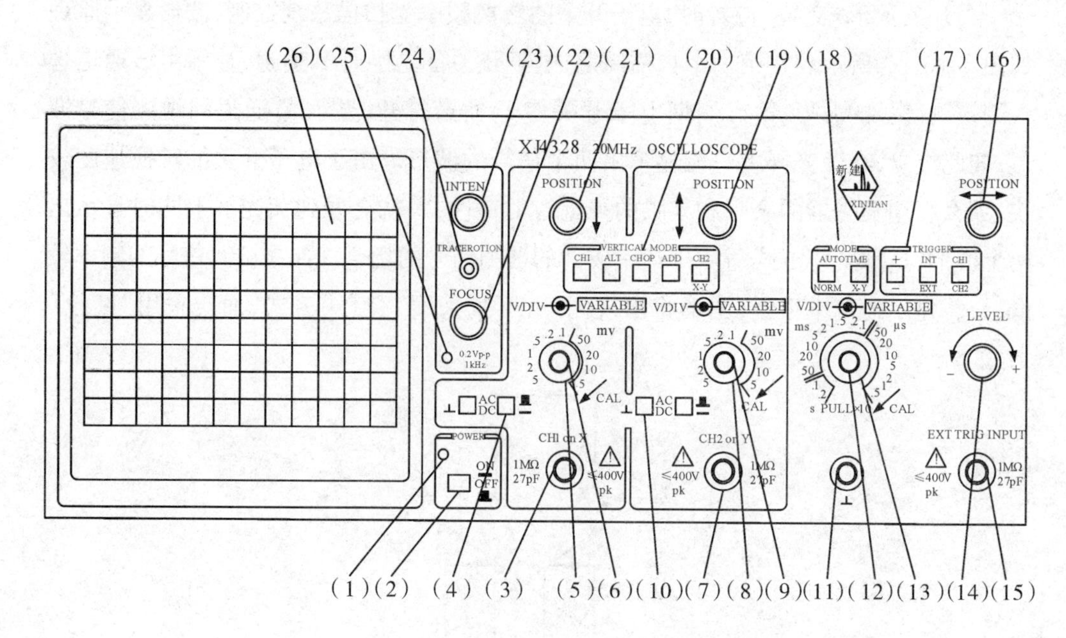

图 3-6-5 XJ4328 型双踪示波器

表 3-6-1 各主要按键/旋钮的功能

按键/旋钮序号		名称	功能
(1)(2)		电源开关、显示	接通 220V 电源,指示灯亮
垂直系统	(3)(7)	输入插座	通道 CH1、CH2 输入插座,作为被测信号的输入端
	(4)(10)	输入耦合方式选择按键	AC(交流耦合):显示波形的交流分量 DC(直流耦合):显示波形的交、直流分量 GND(接地):用以确定输入端为零电位时光迹所在的位置
	(5)(8)	电压灵敏度旋钮	调节波形的幅度,其读数代表每一格的电压值,有 5mV/div ~ 5V/div 共 10 个挡级
	(6)(9)	电压灵敏度微调旋钮	微调波形幅度,顺时针方向增大,顺时针旋到底为校准位置
	(11)	接地端	机壳接地端
	(20)	垂直工作方式按键	控制电子开关工作状态,可显示 CH1、CH2、交替(ALT)、断续(CHOP)、相加(ADD)5 种工作方式
	(19)(21)	垂直位移	控制 CH1、CH2 的波形在 Y 轴方向上、下移动

（续表）

按键/旋钮序号		名称	功能
水平系统	(16)	水平位移	控制波形在 X 轴方向左、右移动
	(12)	扫描时基因数选择旋钮	用以调节波形的疏密度，从 0.5 μs/div ~ 0.2s/div 按 1~2~5 进制分 18 挡
	(13)	扫描微调旋钮	连续改变扫描速率，顺时针旋到底为校准位置，拉出旋钮可使水平放大倍数扩展 10 倍
	(18)	扫描方式选择按键	置于“AUTO（自动）”，扫描处于自激状态；置于“NORM”，电路处于触发状态；置于“X－Y”，配合垂直方式开关，处于“X－Y”状态。一般工作时，置“AUTO”。
	(14)	触发电平调节旋钮	调节被测信号变化至某一电平时的触发扫描
触发系统	(17)	触发方式选择按键	+：测量正脉冲前沿或负脉冲后沿宜用“+” -：测量负脉冲前沿或正脉冲后沿宜用“-” INI：内触发，触发信号来自 CH1 或 CH2 放大器 EXT：外触发，触发信号来自外触发输入端
	(15)	外触发输入插座	当选择外触发方式时，触发信号由此端口输入
(22)		聚焦旋钮	调节示波器电子束的聚焦，使显示光点成为细小清晰的圆点
(23)		辉度旋钮	调节光迹亮度，顺时针方向旋转光迹增强
(24)		光迹旋钮	调节该旋钮使光迹与水平刻度线平行
(25)		标准信号	输出“1kHz，$U_{pp}=0.2V$”的方波信号，用以校正探头及检查垂直方向的灵敏度

4. 操作方法

1）电源及面板功能检查

接通电源前，务必先检查当地电网电压是否与示波器电源电压一致，如果不相符合，则严格禁止使用。

将开关和控制部分按表 3－6－2 所示调节面板上的开关、旋钮，接通电源，电源指示灯亮约 20 s 后，屏幕出现光迹，分别调节辉度、聚焦、垂直、水平位移等控制开关及旋钮，使光迹亮度适中清晰并与水平刻度平行。用 10∶1 探头将示波器自带的校准信号输入至 CH1 输入插座，调节相关控制件，一个如图 3－6－6 所示的方波将会出现在屏幕上，此时说明示波器的工作基本正常。通道 2 的操作与通道 1 的操作相同。

表3-6-2　面板一般功能检查置位表

控制件名称	作用位置	控制件名称	作用位置
垂直方式	Y1(CH1)	扫描方式	自动
AC⊥DC	AC 或 DC	触发源	Y1(CH1)
V/div	0.5V/div 或 50mV/div	t/div	1 ms/div
X、Y 微调	校准	耦合方式	AC
X、Y 位移	居中	极性	+

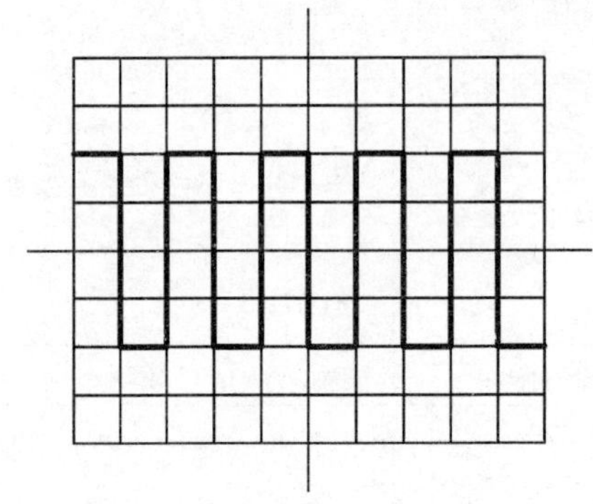

图3-6-6　校准信号检查

2)电压测量

示波器的电压测量实际上是对所显示波形的幅度进行测量,通过电压灵敏度旋钮所示位置,直接从示波器上测量出被测电压的高度,然后换算成电压值,计算公式为

$$U_{p-p} = V/\text{div} \cdot H$$

式中,H 为被测信号峰-峰值高度,V/div 是电压灵敏度的示值。

在测量时应把垂直微调旋钮顺时针旋至校准位置。同时注意:

(1)当被测信号是交流电压时,输入耦合方式选择“AC”,调节 V/div 旋钮,使波形显示在荧光屏中央以便于读数,如图3-6-7所示。一般幅度不宜超过6 div,以避免非线性失真造成的测量误差。

(2)当被测信号是直流电压时,应先将扫描基线调整到零电平位置(即输入耦合方式选择“GND”,调节 Y 轴位移使扫描基线在一合适位置,此时扫描基线即为零电位基准线),然后再将输入耦合方式选择“DC”。如图3-6-8所示,根据波形偏离零电平基准线的垂直距离 H(div)及 V/div 的指示值,可以算出直流电压的数值。

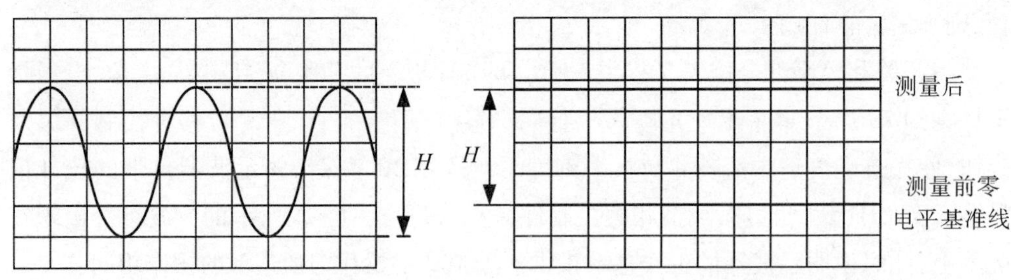

图3-6-7　交流电压的测量　　图3-6-8　直流电压的测量

3）时间测量（周期或频率）

时间测量是指对信号的周期或信号任意两点间的时间间隔等参数的测量。测量时首先水平微调旋钮必须顺时针旋至校准位置，然后调节有关旋钮，使荧光屏上显示的波形稳定且在 X 轴大小适中，读出波形中信号的周期或需测量的两点间水平方向的格数 D(div)，根据 t/div 旋钮的指示值，由下式计算出时间

$$T = t/\text{div} \cdot D$$

如图3－6－9所示，A、B 两点间的水平距离 D 为8div，t/div 设置在2ms/div，则该信号的周期 $T = 2\text{ms/div} \times 8\text{div} = 16\ \text{ms}$。对于周期性信号的频率，可先测量该信号的周期 T，再根据公式 $f = 1/T$，计算出频率的数值。

4）相位测量

测量两个同频率信号的相位差，将触发源选择开关置于作为测量基准的通道，采用双踪显示，在屏幕上显示出两个信号的波形。根据信号一个周期在水平方向上的格数 L(div) 以及两个信号波形上对应点（A、B）间的水平距离 D(div)，如图3－6－10所示，由下式可计算出两信号间的相位差

$$\varphi = \frac{360°}{L} \cdot D$$

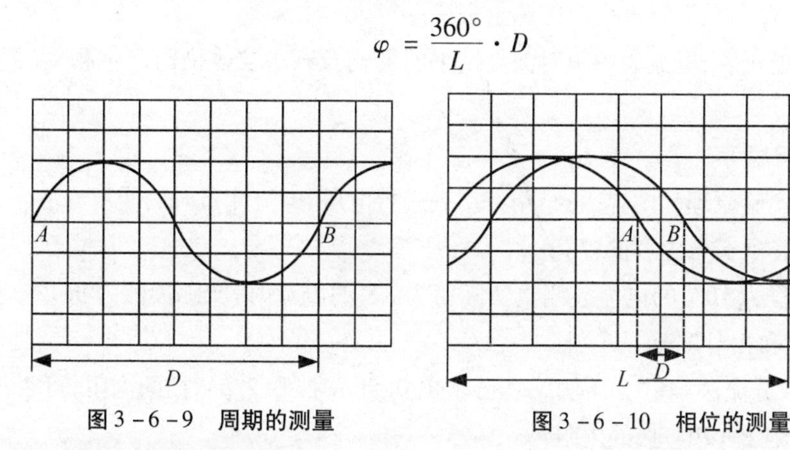

图3－6－9 周期的测量　　图3－6－10 相位的测量

5. 使用注意事项

为了安全、正确地使用示波器，必须注意以下几点：

（1）使用前，应检查电网电压是否与仪器要求的电源一致。

（2）为延长示波器使用寿命，显示波形时亮度不宜过亮；若中途暂时不观察波形，应将亮度调低。

（3）定量观测波形时，应尽量在屏幕的中心区域进行，以减小测量误差。

（4）被测信号电压（直流加交流的峰值）的数值不应超过示波器允许的最大输入电压。

（5）调节各种开关、旋钮时，不要过分用力，以免损坏。

第4章　电路基础实验

4.1　基本电工仪表的使用及减小仪表测量误差的方法

一、实验目的

(1)掌握电压表、电流表的使用方法。

(2)了解电压表、电流表内阻的测量方法。

(3)了解电压表、电流表内阻对测量结果的影响及减少仪表内阻产生测量误差的方法。

二、预习与思考

(1)了解实验原理和内容,总结用万用表进行电压、电流测量时的使用方法。

(2)完成各项实验内容的计算。

(3)用量程为10A的电流表测量实际值为8A的电流时,实际读数为8.1A,求测量的绝对误差和相对误差。

(4)根据“分流法”和“分压法”,若已求出0.5mA挡和2.5V挡的内阻,可否直接计算得出5mA挡和10V挡的内阻?

(5)比较双量程两次测量法和单量限两次测量法产生误差的大小。

(6)用“两次测量法”测量电压或电流,绝对误差和相对误差是否等于零?为什么?

三、实验仪器设备

实验仪器设备如表4-1-1所示。

表4-1-1　电工仪表及减小误差的实验仪器设备

序号	名　称	型号与规格	数量	备注
1	直流稳压电源	0~30V	1	
2	直流恒流源	0~200mA	1	
3	万　用　表		1	自备

（续表）

序号	名 称	型号与规格	数量	备注
4	直流数字毫安表	0～500mA	1	
5	直流数字电压表	0～300V	1	
6	线性电阻器	200Ω,510Ω/8W	1	

四、实验原理与说明

在实际电路测量中，需将电压表与被测电压的支路并联，电流表与被测电流的支路串联。在理想情况下，测量仪表的接入不应该影响被测电路的工作状态，以保证测量结果的不失真。这就要求电流表的内阻为零，电压表的内阻为无穷大。但实际使用中的电工仪表都达不到上述要求。因此，一旦测量仪表接入电路，就会改变电路原有的工作状态，使测得的结果与被测电路的实际值产生误差，误差的大小与仪表本身内阻的大小密切相关。只要测出仪表的内阻，即可计算出由其引起的测量误差。

1. 仪表内阻的测量

电流表内阻的测量可采用“分流法”。如图4－1－1(a)，A为被测电阻R_A的直流电流表。测量时首先断开开关S，调节电流源的输出电流I，使A表指针满偏转；然后合上开关S，并保持I值不变，调节可变电阻R_B，使A的指针指向1/2满偏转位置，此时有

$$I_A = I_S = I/2$$

故

$$R_A = R_B \| R_1$$

电压表内阻的测量可采用“分压法”。如图4－1－1(b)所示，V为被测电阻R_V的直流电压表。测量原理与分流法测电流表内阻类似，先将开关S闭合，调节直流稳压电源的输出电压，使V指针满偏转，然后断开开关S，调节可变电阻R_B使V的指示值减半，此时有

$$R_V = R_B + R_1$$

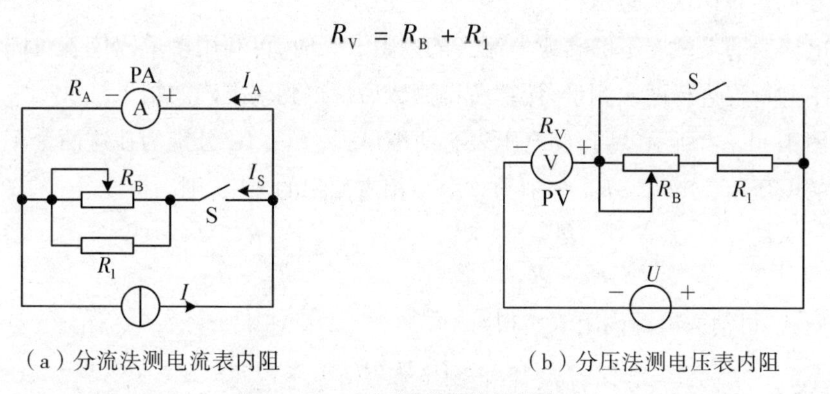

(a) 分流法测电流表内阻　　(b) 分压法测电压表内阻

图4－1－1　测量仪表内阻的电路

2. 减小测量误差的方法

若电流表或电压表的内阻不理想，将导致仪表读数值与电路原有的实际值之间出现误差。减小因仪表内阻而产生的测量误差的方法有以下两种。

1)同一量程两次测量法

如果电压表(或电流表)只有一挡量程,且电压表的内阻较小(或电流表内阻较大)时,可采用同一量程两次测量法减小测量误差。其中,第一次测量与一般的测量相同,第二次测量时必须将测量仪表串联一个标准电阻 R 。图4-1-2是两次测量某电路的开路电压 U_o 的示意图。设 U_1 为第一次测量值, U_2 为第二次测量值,电压表的内阻为 R_V ,则

$$U_1 = \frac{R_v}{R_o + R_v} U_s \qquad U_2 = \frac{R_v}{R_o + R_v + R} U_s$$

解以上两式,可得

$$U_o = U_s = \frac{R U_1 U_2}{R_v (U_1 - U_2)}$$

由上式可知,根据两次测量结果,即可计算出开路电压 U_o 的大小,而与电源内阻 R_o 的大小无关,其准确度要比单次测量好得多。

同理,测量图4-1-3所示电路中的短路电流,有

$$I = \frac{U_s}{R_o} = \frac{R I_1 I_2}{I_2 (R_A + R) - I_1 R_A}$$

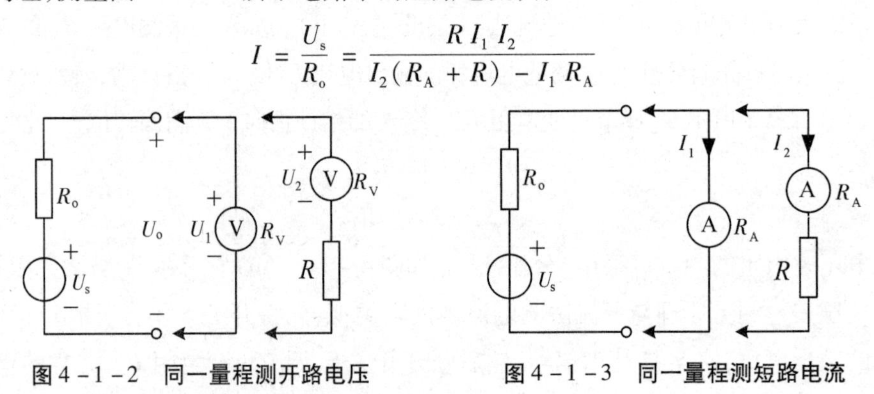

图4-1-2 同一量程测开路电压　　图4-1-3 同一量程测短路电流

2)不同量程两次测量法

当电压表的灵敏度不够高或电流表的内阻太大时,可利用多量程仪表对同一被测信号用不同量程进行两次测量,计算所得读数后可得到较准确的结果。

如图4-1-4所示电路,设电压表有两档量程, U_1 、U_2 分别为在这两个不同量程下测得的电压值,令 R_{v1} 、R_{v2} 分别为这两个相应量程的内阻,则

$$U_1 = \frac{R_{v1}}{R_o + R_{v1}} U_s \qquad U_2 = \frac{R_{v2}}{R_o + R_{v2}} U_s$$

解以上两式,可消去电源内阻 R_o ,得

$$U_o = U_s = \frac{U_1 U_2 (R_{v2} - R_{v1})}{U_1 R_{v2} - U_2 R_{v1}}$$

对于电流表,当其内阻较大时,也可用类似的方法来测得较为准确的结果。如图4-1-5所示电路,如果用不同内阻 R_{A1} 、R_{A2} 的两挡量程的电流表作两次测量,经过简单的计算即可解得

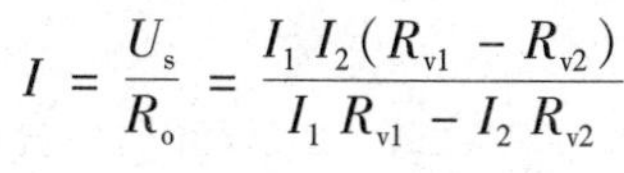

$$I = \frac{U_s}{R_o} = \frac{I_1 I_2 (R_{v1} - R_{v2})}{I_1 R_{v1} - I_2 R_{v2}}$$

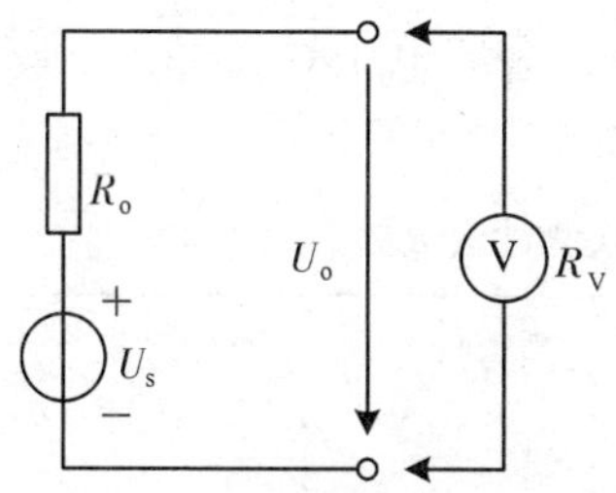

图 4 – 1 – 4　不同量程测开路电压

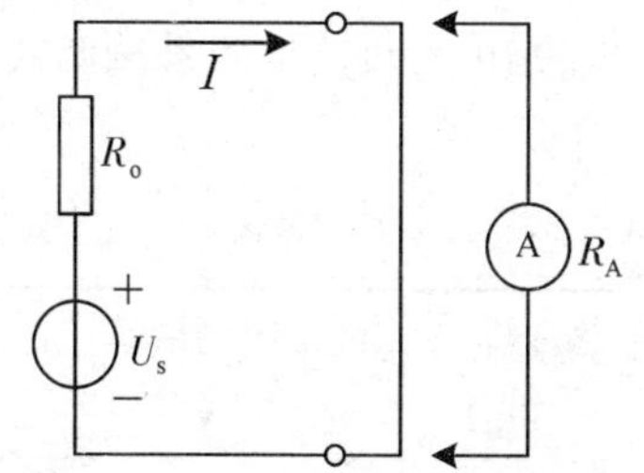

图 4 – 1 – 5　不同量程测短路电流

五、实验内容与步骤

1. 测定仪表内阻

(1)根据"分流法"原理测定指针式万用表(MF47 或其他型号)电流 0.5 mA 和 5 mA 挡量限的内阻,线路如图 4 – 1 – 1(a)所示,测量数据记入表 4 – 1 – 2 中。

表 4 – 1 – 2　"分流法"测电流表内阻的测量数据

被测电流表量限/mA	S 断开时表读数/mA	S 闭合时表读数/mA	R_B /Ω	R_1 /Ω	计算内阻 R_A /Ω
0.5					
5					

(2)根据"分压法"原理按图 4 – 1 – 1(b)接线,测量指针式万用表直流电压 2.5 V 和 10 V 挡量限的内阻,记录在表 4 – 1 – 3 中。

表 4 – 1 – 3　"分压法"测电压表内阻的测量数据

被测电压表量限/V	S 断开时表读数/V	S 闭合时表读数/V	R_B /kΩ	R_1 /kΩ	计算内阻 R_V /kΩ
2.5					
10					

2. 减小仪表内阻产生的测量误差

1)单量限电压表两次测量法

按图 4 – 1 – 2 接线,利用实验台上的直流稳压电源,取 U_s = 2.5V, R_o 选用 50kΩ,用万用表直流电压 2.5 V 量限直接测量,得到 U_1 ,然后串联 R = 10kΩ 的附加电阻再一次测量,得到 U_2 ,计算开路电压 U'_o ,填入表 4 – 1 – 4。

表 4 – 1 – 4　单量限电压表两次测量法数据

开路电压实际值	两次测量值		测量计算值	绝对误差/V	相对误差/%
U_o /V	U_1 /V	U_2 /V	U'_o /V		

2）双量限电压表两次测量法

实验电路如图 4－1－4，取 $U_s=2.5\text{V}$，$R_o=50\text{k}\Omega$，分别使用指针式万用表的直流电压2.5 V 和10 V 两挡量限进行两次测量，最后算出开路电压 U'_o之值。将实验数据填入表 4－1－5 中。

表 4－1－5　双量限电压表两次测量法数据

电压量限/V	内阻/kΩ	两量限测量值 U/V	开路电压实际值 U_o/V	测量计算值 U'_o/V	绝对误差/V	相对误差/%
2.5						
10						

内阻 $R_{2.5\text{V}}$ 和 $R_{10\text{V}}$ 的取值参照表 4－1－3 的结果。

3）单量限电流表两次测量法

按图 4－1－3 所示线路进行实验，取 $U_s=3\text{V}$，$R=6.2\text{k}\Omega$（取自电阻箱），先用万用表0.5mA 电流量限直接测量，得到 I_1。再串联附加电阻 $R=30\Omega$ 进行第二次测量，得到 I_2。求出电路中的实际电流 I' 记入表 4－1－6 中。

表 4－1－6　单量限电流表两次测量法数据

电流实际值	两次测量值		测量计算值	绝对误差/mA	相对误差/%
I/mA	I_1/mA	I_2/mA	I'/mA		

4）双量限电流表两次测量法

实验电路如图 4－1－5，用万用表 0.5mA 和 5mA 两挡电流量限进行两次测量，计算出电路的电流值 I'，记入表 4－1－7 中。

表 4－1－7　双量限电流表两次测量法数据

电流量限/mA	内阻/Ω	两量限测量值 I_1/mA	开路电压实际值 I/mA	测量计算值 I'/mA	绝对误差/mA	相对误差/%
0.5						
5						

内阻 $R_{0.5\text{mA}}$ 和 $R_{5\text{mA}}$ 的取值参照表 4－1－2 的结果。

六、实验注意事项

（1）启动电源开关前，应将两路直流稳压电源的输出调节旋钮逆时针调至最小，并将恒流源的输出粗调旋钮拨至 2mA，输出细调旋钮应调至最小，接通电源后，再根据实验需要缓慢调节。

（2）测量时，电压表应与被测电路并联，电流表应与被测电路串联，并且都要注意正、负极性与量程的合理选择。

（3）采用不同量限两次测量法时，应选用相邻的两个量限，且被测值应接近于低量限的满偏值。否则,当用高量限测量较低的被测值时,测量误差会较大。

七、实验报告

(1)记录各实验结果,比较计算值与测量值,试分析产生误差的原因。

(2)根据各实验数据,计算各被测仪表的内阻值。

(3)心得体会及其他。

4.2 电路元件伏安特性的测绘

一、实验目的

(1)掌握直流稳压电源、直流电压表、电流表的使用方法。

(2)学会识别常用电路元件。

(3)掌握线性电阻、非线性电阻元件伏安特性的测试。

(4)掌握绘制曲线的方法。

二、预习与思考

(1)了解实验原理与内容,列出实验操作的注意事项。

(2)阅读相关内容,说明如何用万用表判断普通二极管和稳压管的极性及好坏。

(3)线性电阻与非线性电阻的伏安特性有何区别?它们的电阻值与通过的电流有无关系?

(4)稳压二极管与普通二极管有何区别,其用途如何?

(5)用电压表和电流表测量元件时,电压表可接在电流表之前或之后,表前法和表后法对测量误差有什么影响,实际测量时应如何选择?

三、实验仪器设备

实验仪器设备如表4-2-1所示。

表4-2-1 电路元件伏安特性的实验仪器设备

序号	名　称	型号与规格	数量	备注
1	直流稳压电源	0~30V	1	
2	万 用 表		1	自备
3	直流数字毫安表	0~500mA	1	
4	直流数字电压表	0~300V	1	
5	二 极 管	IN4007	1	
6	稳 压 管	2CW51	1	
7	白 炽 灯	12V,0.1A	1	
8	线性电阻器	200Ω,510Ω/8W	1	

四、实验原理与说明

任何一个二端元件的特性可用该元件上的端电压 U 与通过该元件的电流 I 之间

的函数关系 $I=f(U)$ 来表示,即用 $I-U$ 平面上的一条曲线来表征,这条曲线称为该元件的伏安特性曲线。

1. 电阻元件的伏安特性曲线

根据伏安特性的不同,电阻元件又可分为线性电阻元件和非线性电阻元件。如果电阻元件的两端电压和通过的电流成正比关系,其伏安特性曲线为一直线,则该元件为线性电阻元件。非线性电阻电路的伏安特性是一条经坐标原点的曲线,其阻值 R 不是常数。非线性电阻的种类很多,常见的非线性电阻元件有白炽灯、普通二极管、稳压二极管等。

(1)线性电阻元件的伏安特性曲线是一条通过坐标原点的直线,如图 4－2－1(a)所示,直线斜率等于该电阻器的阻值,其阻值为常数,与元件两端的电压和通过该元件的电流无关。

(2)一般的白炽灯在工作时灯丝处于高温状态,其灯丝电阻随着温度的升高而增大,通过白炽灯的电流也越大。一般灯泡的"冷电阻"与"热电阻"的阻值可相差几倍至十几倍,所以为非线性电阻,它的伏安特性如图 4－2－1(b)曲线所示。

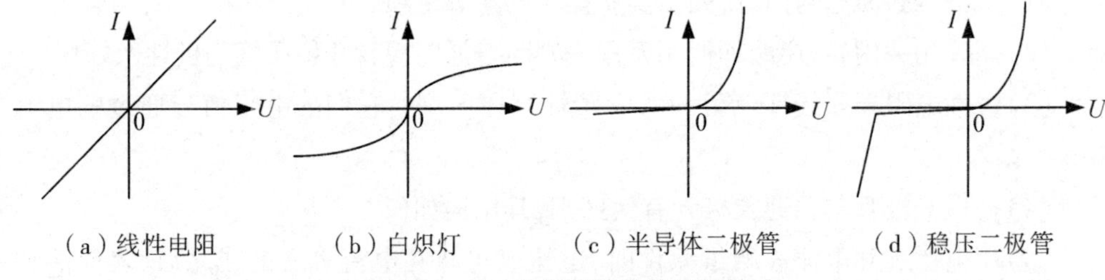

图 4－2－1　电阻元件的伏安特性

(3)半导体二极管是一种非线性电阻元件,其伏安特性如图 4－2－1(c)所示,在正向特性的起始部分正向电压较小,此时的正向电流几乎为零。由于二极管的导通压降很小(一般的锗管约为 0.2～0.3V,硅管约为 0.5～0.7V),正向电流随正向压降的升高而急骤上升,因此呈现的正向电阻很小;而反向电压从零一直增加到十几甚至几十伏时,其反向电流增加很小,粗略地可视为零。可见,二极管具有单向导电性,但反向电压太大,超过管子的极限值,则会导致管子击穿损坏。

(4)稳压二极管是一种特殊的半导体二极管,其正向特性与普通二极管类似,但其反向特性较特别,如图 4－2－1(d)所示。在反向电压开始增加时,其反向电流几乎为零,处于截止状态,但当电压增加到某一数值时(称为管子的稳压值,有各种不同稳压值的稳压管)击穿导致电流急剧增加,此后端电压将基本维持恒定。

注意:流过二极管或稳压二极管的电流不能超过管子的极限值,否则管子会被烧坏。

2. 电阻元件伏安特性的测量

电阻的伏安特性可以通过在电阻上施加电压,测量电阻中通过的电流来获得。在测量过程中，只用到电压表和电流表的方法称为伏安法。伏安法不仅能够测量线性电阻，也能测量非线性电阻的伏安特性。由于电压表的内阻很大，而电流表的内阻又很小，因此，接线方式的不同会给测量带来一定的误差。比较而言，电压表前接法（图4－2－2(a)）适合于测量较大的电阻，而电压表后接法（图4－2－2(b)）适用于测量小电阻。

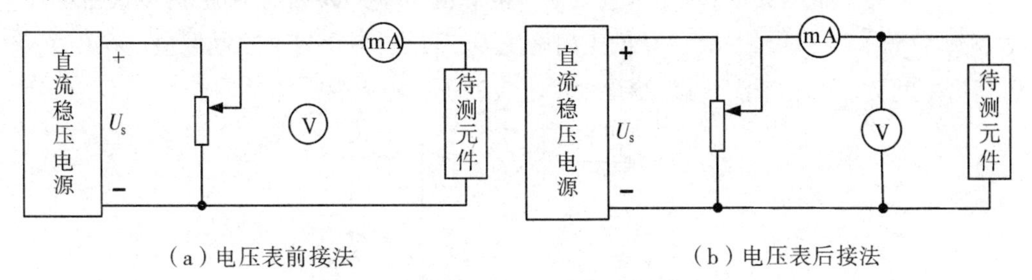

图4－2－2　电路元件的伏安特性测量方法

五、实验内容与步骤

1. 测定线性电阻器的伏安特性

按图4－2－3接线，分别采用表前法（图4－2－3(a)）和表后法（图4－2－3(b)）进行测量。调节稳压电源的输出电压 U，电压表读数从0V开始缓慢地增加，一直到12V，记下相应的电流表的读数 I，记入表4－2－2中。

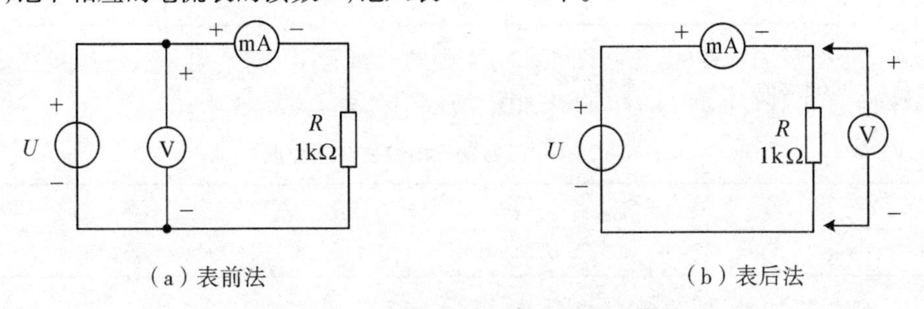

图4－2－3　测量线性电阻伏安特性的电路

表4－2－2　线性电阻伏安特性的测量数据

U_R /V	0	2	4	6	8	10	12
I/mA（表前法）							
I/mA（表后法）							

2. 测定非线性白炽灯泡的伏安特性

将图4－2－3中的 R 换成一只12V，0.1A的灯泡，重复实验内容1，数据记入表4－2－3中。U_L 为灯泡的端电压。

表4－2－3　非线性白炽灯泡伏安特性的测量数据

U_L/V	0	2	4	6	8	10	12
I/mA（表前法）							
I/mA（表后法）							

3. 测定半导体二极管的伏安特性

采用图4-2-4所示电路，测量半导体二极管的伏安特性曲线，R 为限流电阻器。图4-2-4为二极管正向特性的连接图，由于二极管正向电阻小，故采用表后法进行测量。在测量二极管正向特性时，直流稳压电源应由小到大逐渐增加，时刻注意电流表读数不超过35 mA。二极管D的正向施压 U_{D+} 可在0~0.75V之间取值。在0.5~0.75V之间应多取几个测量点，测量数据记入表4-2-4中。

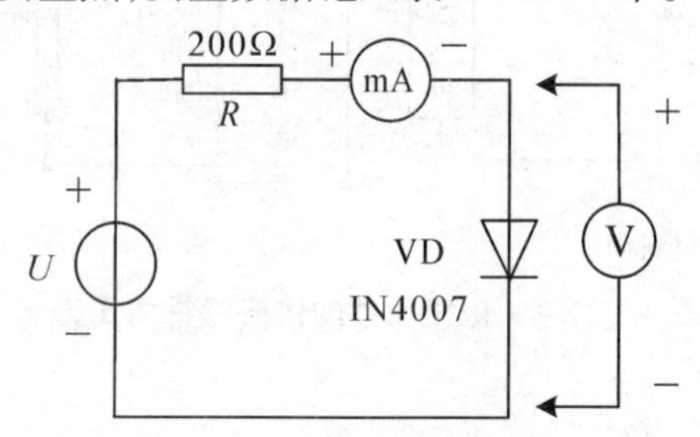

图4-2-4　测量二极管伏安特性的电路

表4-2-4　二极管正向特性实验数据

U_{D+}/V	0.10	0.30	0.50	0.55	0.60	0.65	0.70	0.75
I/mA								

测二极管反向特性时，需将图4-2-4中的二极管D反接，电压表一端接在毫安表正极上，二极管反向施压 U_{D-} 可达30V，数据记入表4-2-5中。

表4-2-5　二极管反向特性实验数据

U_{D-}/V	0	-5	-10	-15	-20	-25	-30
I/mA							

4. 测定稳压二极管的伏安特性

(1) 正向特性实验：将图4-2-4中的二极管换成稳压二极管2CW51，重复实验内容3中的正向测量，数据写入表4-2-6中。U_{Z+} 为2CW51的正向施压。

表4-2-6　稳压管正向特性实验数据

U_{Z+}/V	0.10	0.30	0.50	0.55	0.60	0.65	0.70	0.75
I/mA								

(2) 反向特性实验：将图4-2-4中的 R 换成510Ω，2CW51反接，测量2CW51的反向特性。稳压电源的输出电压 U_0 从0~20V，测量2CW51二端的电压 U_{Z-} 及电流 I，由 U_{Z-} 可看出其稳压特性，数据记入表4-2-7中。

表4-2-7　稳压管反向特性实验数据

U_{Z+}/V	0	-3	-6	-9	-12	-15	-18	-20
I/mA								

六、实验注意事项

(1)测二极管正向特性时,直流稳压电源输出应由小至大逐渐增加,应时刻注意电流表读数不得超过35mA。

(2)如果要测定2AP9的伏安特性,则正向特性的电压值应取0,0.10,0.13,0.15,0.17,0.19,0.21,0.24,0.30(V),反向特性的电压值取0,2,4,…,10(V)。

(3)进行不同实验时,应先估算电压和电流值,合理选择仪表的量程,勿使仪表超量程,仪表的极性亦不可接错。

七、实验报告

(1)根据各实验数据,分别在坐标纸上绘制出光滑的伏安特性曲线。(其中二极管和稳压管的正、反向特性均要求画在同一张图中,正、反向电压可取为不同的比例尺)

(2)根据伏安特性曲线,总结、归纳被测各元件的特性。

(3)回答预习与思考中提出的问题。

4.3 电位、电压的测定与基尔霍夫定律的验证

一、实验目的

(1)掌握测量电路中电位和电压的方法,理解电位的相对性和电压的绝对性。

(2)验证基尔霍夫定律的正确性,加深对基尔霍夫定律的理解。

(3)掌握直流电压表的使用,学会用电流插头、插座测量各支路电流。

(4)加深对电压、电流参考方向和实际方向的理解。

(5)学会检查、分析简单电路故障的能力。

二、预习与思考

(1)了解实验原理与内容,根据图4-3-1电路中所给的参数值,计算待测电流I_1、I_2、I_3和有关各支路电压的理论值,分别记入表4-3-2、表4-3-3和表4-3-4中,以便测量时可正确选择毫安表和电压表的量程。

(2)若分别以E、F为参考电位点,试问电路各点的电位值有什么不同。

(3)为减少误差,直流稳压电源应在接通电路前测量,还是接通电路后测量?若某支路电压约为1.2V,现有100mV、1V、10V这三挡量程的电压表,该用哪一挡量程进行测量?

(4)图4-3-1电路中“330Ω”电阻换成二极管,基尔霍夫定律还成立吗?为什么?

三、实验仪器设备

实验仪器设备如表4-3-1所示。

表 4-3-1 电位、电压测定及基尔霍夫定律验证的实验仪器设备

序号	名称	型号与规格	数量	备注
1	直流稳压电源	0~30V	2 路	
2	数字直流电压表	0~300V	1	
3	数字直流毫安表	0~500mA	1	
4	电位、电压测量实验电路板		1	DGJ-03
5	电流插头		1	

四、实验原理与说明

1. 电位与电压

在一个确定的闭合电路中，各点电位的高低视所选的电位参考点的不同而变动，但任意两点间的电位差（即电压）则是不变的，它不因参考点电位的变动而变动，这一性质称为电位的相对性与电压的绝对性。据此性质，我们可用一只电压表来测量电路中各点的电位及任意两点间的电压。

2. 基尔霍夫定律

基尔霍夫定律是电路理论中最基本也是最重要的定律之一。它概括了集总参数电路中电流和电压分别应遵循的基本规律，包括基尔霍夫电流定律（KCL）和基尔霍夫电压定律（KVL）。

1）基尔霍夫电流定律（KCL）：

"在集总电路中，任何时刻，对任一节点，所有支路的电流代数和恒等于零。"即：

$$\sum i = 0$$

2）基尔霍夫电压定律（KVL）：

"在集总电路中，任何时刻，沿任一回路，所有支路的电压代数和恒等于零。"即：

$$\sum u = 0$$

电路中各个支路的电流和支路的电压必然受到两类约束，一类是元件本身造成的约束，另一类是元件相互联结关系造成的约束，基尔霍夫定律表达的是第二类约束。

3. 参考方向

在电路理论中，参考方向是一个重要的概念。我们往往不知道电路中某个元件两端电压的真实极性或流过电流的真实流向，只有预先假设一个方向，这方向就是参考方向。在测量或计算中，如果得出某一元件两端电压的极性或电流流向与参考方向相同，则把该电压值或电流值取为正，否则把该电压值或电流值取为负，以表示电压的极性或电流流向与参考方向相反。

运用 KCL 和 KVL 定律写方程时，必须先假设各支路电流或电压的参考方向，对于 KCL 定律还应选定回路的绕行方向。

五、实验内容与步骤

1. 电位与电压的测定

(1)以实验板上 DGJ－03 的"基尔霍夫定律/叠加原理"为基础，如图 4－3－1(a)所示，选择 A 点作为电位的参考点，分别测量 B，C，D，E，F 各点的电位 φ 及相邻两点之间的电压值 U_{AB}，U_{BC}，U_{CD}，U_{DE}，U_{EF} 及 U_{FA}，实验数据记入表 4－3－2 中。

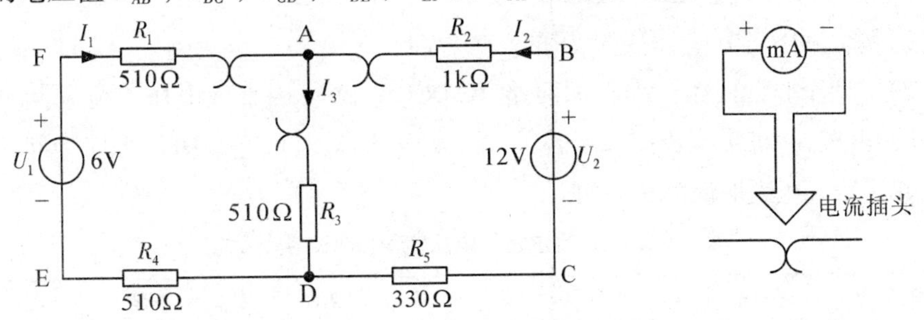

(a) 基尔霍夫定律实验电路　　(b) 电流插座

图 4－3－1　验证基尔霍夫定律的实验电路

表 4－3－2　电路中各点电位和电压的实验数据

电位参考点	φ_A	φ_B	φ_C	φ_D	φ_E	φ_F	U_{AB}	U_{BC}	U_{CD}	U_{DE}	U_{EF}	U_{FA}
A	0											
D				0								

(2)以 D 为参考点，重复实验内容(1)的步骤。

2. 基尔霍夫定律的验证

实验电路与图 4－3－1(a)所示相同，各支路中串接一个电流插座，以便测量各支路电流。实验前先任意设定三条支路和三个闭合回路的电流正方向。图中 I_1、I_2、I_3 的参考方向已设定。三个闭合回路的电流正方向可设为 ADEFA、BADCB 和 FBCEF。

1)验证基尔霍夫电流定律(KCL)

(1)分别将两路直流稳压电源接入电路，令 $U_1=6\text{V}$，$U_2=12\text{V}$。

(2)熟悉电流插头的结构，如图 4－3－1(b)所示，将电流插头的红接线端插入直流毫安表的红(正)接线端，电流插头的黑接线端插入直流毫安表的黑(负)接线端。

(3)将电流插头分别插入三条支路的三个电流插座内，读出 I_1、I_2、I_3 的电流值，记入表 4－3－3 中。当毫安表读数为"＋"，表示电流实际方向与参考方向一致；反之，当毫安表读数为"－"，表示电流实际方向与参考方向相反。

表 4－3－3　基尔霍夫电流定律(KCL)实验数据

电流/mA	I_1	I_2	I_3	ΣI
计算值				
测量值				

（续表）

电流/mA	I_1	I_2	I_3	ΣI
绝对误差				
相对误差/%				

2）验证基尔霍夫电压定律（KVL）

（1）按关联参考方向，设定电压的参考方向。

（2）取两个验证回路（ADEFA 回路、BADCB 回路），用直流电压表分别测量各支路元件的电压，并将实验数据填入表 4－3－4 中，测量时可选顺时针方向为回路绕行方向，并注意电压表取值的正与负。

表 4－3－4　基尔霍夫电压定律（KVL）实验数据

电压/V	U_{AB}	U_{BC}	U_{CE}	U_{ED}	U_{DF}	U_{FA}	U_{DB}	ΣU_{ADEFA}	ΣU_{BADCB}
计算值									
测量值									
绝对误差									
相对误差/%									

3. 选做实验

将 R_5（330Ω）换成二极管 1N4007，电路中其他元件参数不变，重复 2 的测量过程，验证 KCL 和 KVL 同样也适用于非线性电路，测量数据表格自拟。

六、实验注意事项

（1）实验过程中，直流稳压电源严禁短路。

（2）测量电位可选择万用表的电压挡或直流电压表，用负表棒（黑色）接参考电位点，用正表棒（红色）接被测各点。

（3）电路中所有待测的电压值，均以电压表测量读数为准。直流稳压电源表盘指示只作为显示仪表，不能作为测量仪表使用，并且其输出电压值以接负载后的测量值为准。

（4）用指针式电压表或电流表进行测量时，应注意指针的偏转情况，及时调整仪表的正负极性，以免指针反偏。

（5）测量电压、电流时，不但要读出数值，还要比较实际方向与设定的参考方向是否一致，若不一致，则在该数值前冠以“－”。

七、实验报告

（1）整理实验数据，绘制参考点不同的两个电位图，对照观察各对应两点间的电压情况。

（2）根据实验数据，选定实验电路中任何一节点，验证 KCL 的正确性。

（3）根据实验数据，选定实验电路中任何一个闭合回路，验证 KVL 的正确性。

（4）进行测量误差分析。

4.4 电压源、电流源及实际电源的等效变换

一、实验目的

(1)加深对电压源和电流源特性的理解。

(2)掌握电源外特性的测试方法。

(3)掌握实际电源等效变换的方法。

二、预习与思考

(1)熟悉理想电压源与实际电压源、理想电流源与实际电流源的概念,它们的伏安特性有什么不同?

(2)通常电压源的输出端不允许短路,电流源不允许开路,为什么?

(3)实际电压源与实际电流源的外特性为什么呈下降变化趋势,下降趋势由哪些参数决定?

(4)直流稳压电源与直流恒流源的输出加在任何负载两端是否都能保持恒定?

(5)什么是等效变换? 实际电压源与实际电流源等效变换的条件是什么? 理想电压源与电流源能否等效变换?

三、实验仪器设备

实验仪器设备如表4-4-1所示。

表4-4-1 电源等效变换的实验仪器设备

序号	名　称	型号与规格	数量	备　注
1	直流稳压电源	0~30V	二路	
2	直流恒流源	0~200mA	一路	
3	直流数字电压表	0~500V	1	
4	直流数字毫安表	0~500mA	1	
5	万用表		1	自备
6	电阻器	120Ω、200Ω、300Ω、1kΩ		
7	可调电阻箱	0-99999.9Ω	1	

四、实验原理与说明

1.理想电压源与理想电流源

理想电压源具有电压保持恒定不变,而输出电流大小由负载决定的特性。其外特性曲线,即其伏安特性表现为端电压 U 与输出电流 I 的关系 $U=f(I)$ 是一条平行于 I 轴的直线,如图4-4-1(a)所示。理想电流源具有电流保持恒定不变,而端电压大小由负载决定的特性。其外特性曲线,即其伏安特性表现为输出电流 I 与端电压 U 的关系 $U=f(I)$ 是一条平行于 U 轴的直线,如图4-4-1(b)所示。理想电压源与理想电

流源是不能互相转换的。

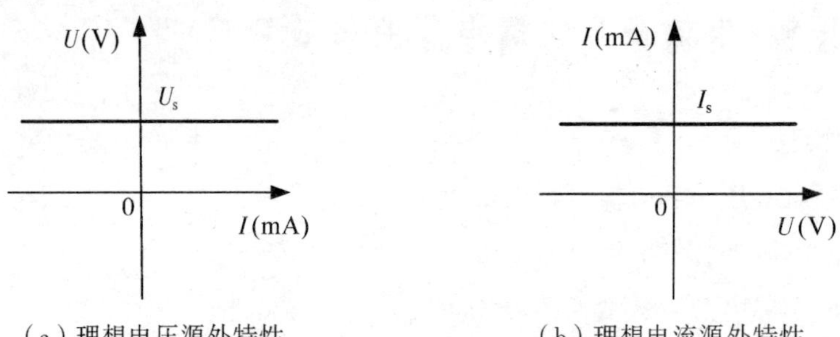

（a）理想电压源外特性　　（b）理想电流源外特性

图4-4-1　理想电源的外特性

在工程实际中，绝对的理想电源是不存在的，但有一些电源其外特性与理想电源极为相近，因此，可以近似地将其视为理想电源。实验中使用的直流稳压电源在规定的电流范围内，具有很小的电阻，在实用电路中可以将它视为一个理想电压源。直流恒流源在一定的电压范围内输出电流不变，且具有极大的电阻，因此，可以将它视为一个理想电流源。

2. 实际电压源与实际电流源

实际上任何电源内部都存在电阻，该电阻通常称为电源内阻。一个实际电压源可以看做是一个理想电压源 U_s 与内阻 R_s 串联的组合，其端电压 U 随输出电流 I 的增大而降低。在实验中，可用直流稳压电源与一个小电阻串联来模拟一个实际电压源。

一个实际电流源可以看做是一个理想电流源 I_s 与内阻 R_s 并联的组合，其输出电流 I 随端电压 U 的增大而减小。在实验中，可用直流恒流源与一个大电阻并联来模拟一个实际电流源。

如图4-4-2所示，实际电源的外特性是一条下倾的直线。

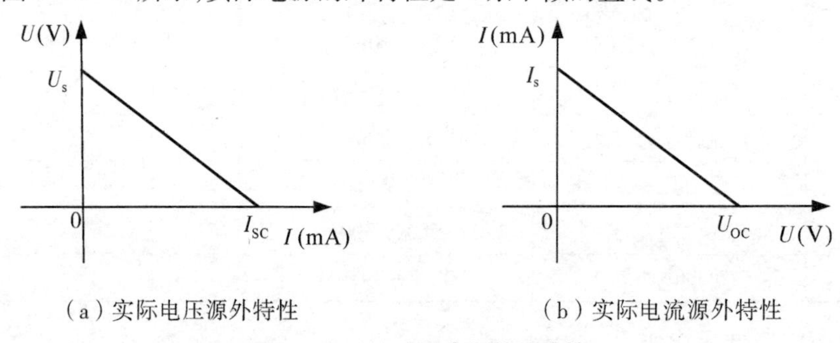

（a）实际电压源外特性　　（b）实际电流源外特性

图4-4-2　实际电源的外特性

3. 实际电源的等效变换

一个实际电源，就其外特性而言，既可以看成一个电压源，也可以看成一个电流源，因此可以用两种不同形式的电路模型来表示。一种是电压源模型，即用一个电压源 U_s 与一个电阻 R_s 串联表示。另一种是电流源模型，则可用一个电流源 I_s 与一个电阻 R_s 并联来表示。在一定条件下，如果这两种电源能向同一负载提供相同大小的端电压和电流，那么这两种电源模型对外电路的作用是完全等效的。

实际电压源与实际电流源模型如图4－4－3所示，取实际电压源与实际电流源的内阻均为R_o，则两者等效变换的条件是

$$I_s = \frac{U_s}{R_o} \quad 或 \quad U_s = I_s R_o$$

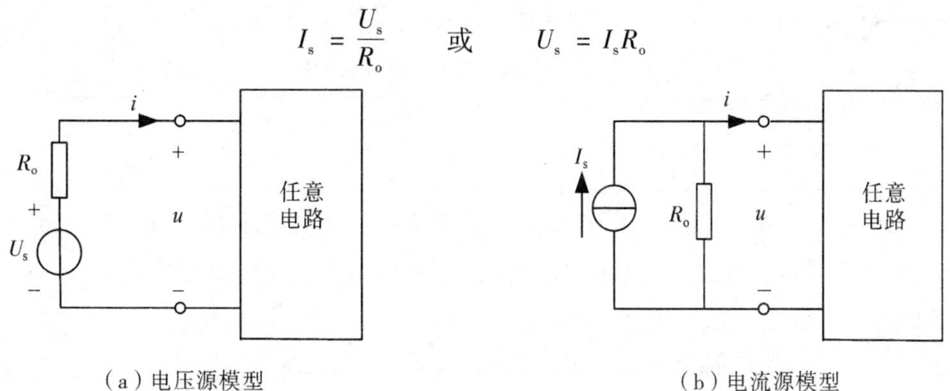

（a）电压源模型　　（b）电流源模型

图4－4－3　实际电源模型的等效变换

五、实验内容与步骤

1．测定理想电压源与实际电压源的外特性

（1）按图4－4－4(a)接线。U_s取＋12V的直流稳压电源，R_1为限流电阻。由大到小调节电位器R_2，记录直流电压表和直流毫安表的读数，记入表4－4－2中。

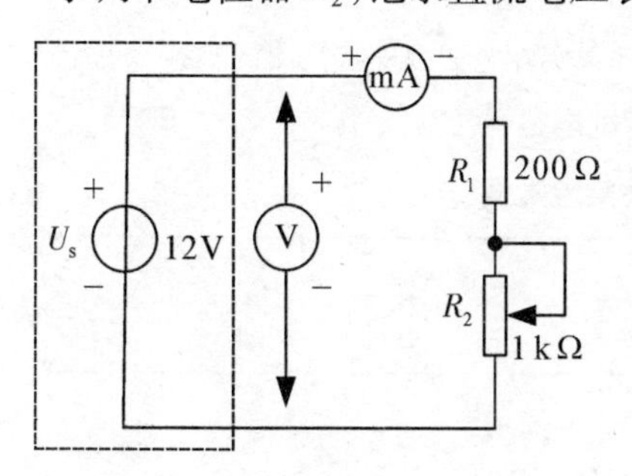

（a）理想电压源外特性测试　　（b）实际电压源外特性测试

图4－4－4　电压源外特性测试电路

表4－4－2　理想电压源外特性实验数据

U/V							
I/mA							

（2）按图4－4－4(b)接线，直流稳压电源串联一个120 Ω电阻模拟成一个实际电压源（虚线框所示）。由大到小调节电位器R_2，记录电压表、电流表的读数，记入表4－4－3中。

表4－4－3　实际电压源外特性实验数据

U/V							
I/mA							

2. 测定理想电流源与实际电流源的外特性

(1)按图 4－4－5(a)接线。I_s为直流恒流源，调节其输出为 10mA，由大到小调节电位器 R_L，记录直流电压表和直流毫安表的读数，记入表 4－4－4 中。

表 4－4－4 理想电流源外特性实验数据

U/V							
I/mA							

(2)按图 4－4－5(b)接线，直流恒流源并联一个 1 kΩ 电阻模拟成一个实际电流源(虚线框所示)。由大到小调节电位器 R_L，记录电压表、电流表的读数，记入表 4－4－5 中。

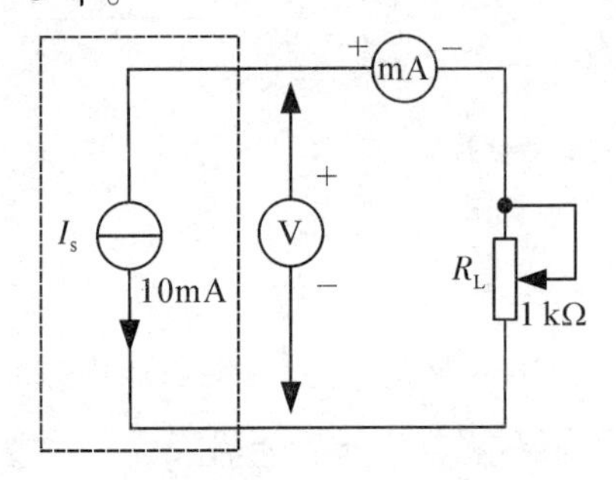

(a) 理想恒流源外特性测试

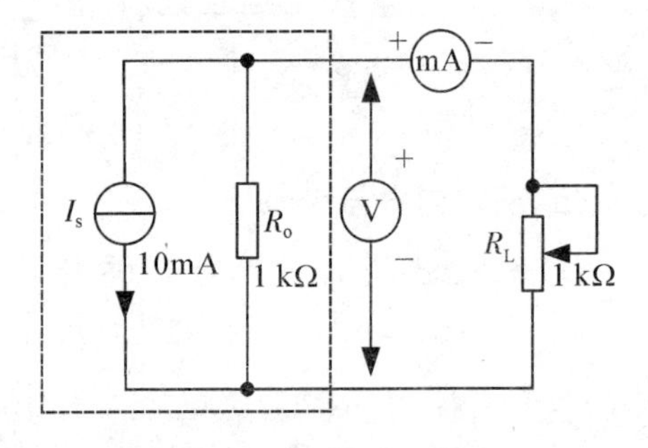

(b) 实际电流源外特性测试

图 4－4－5 电流源外特性测试电路

表 4－4－5 实际电流源外特性实验数据

U/V							
I/mA							

3. 测定实际电源等效变换的条件

(1)按图 4－4－6(a)接线，记录线路中直流电压表和直流毫安表的读数。

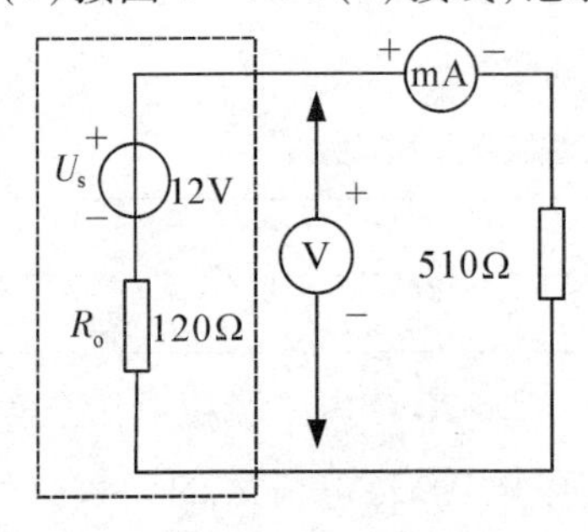

(a) 实际电压源电路

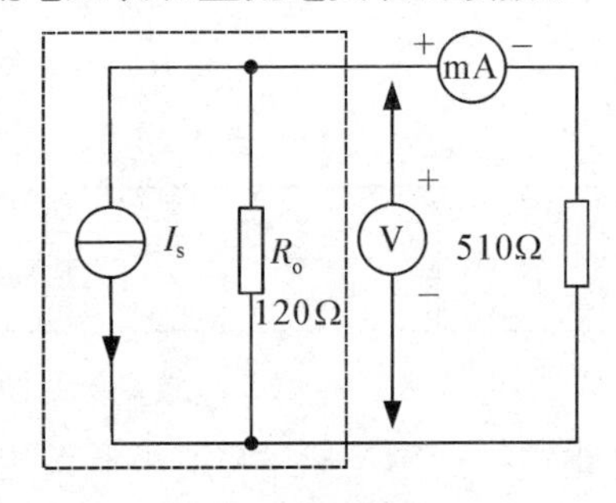

(b) 实际电流源电路

图 4－4－6 测试实际电源等效变换的条件

(2)断开电压源，按图 4－4－6(b)接入实际电流源。调节恒流源 I_s 的输出电流，使电压表和毫安表的读数与步骤(1)测量数据相等，记录此时恒流源 I_s 的读数。

(3)验证等效变换条件的正确性。

六、实验注意事项

(1)在测量电压源外特性时,不要忘记测空载时的电压值,直流稳压电源不能短路;测量电流源外特性时,不要忘了测短路时的电流值,注意恒流源负载电压不要超过20V,负载不要开路。

(2)换接线路时,必须关闭电源开关。

(3)直流仪表的接入应注意极性与量程。

七、实验报告

(1)整理实验数据,绘制电源的4条外特性曲线,分析、归纳各类电源的特性。

(2)通过实验判断理想电压源和理想电流源能否等效互换。

(3)根据实验结论,验证实际电源等效变换的条件。

4.5 线性电路叠加性与齐次性的验证

一、实验目的

(1)验证线性电路叠加定理的正确性,加深对线性电路叠加性和齐次性的认识和理解。

(2)验证叠加定理不适用于非线性电路,也不适用于功率计算。

二、预习与思考

(1)理解叠加定理与齐性定理的内容以及它们的适用范围。

(2)根据图4-5-1电路中所给的参数值,分别计算两个独立电源单独工作和共同作用时的电流I_1、I_2、I_3和有关各支路电压的理论值。

(3)在叠加定理实验中,要令U_1、U_2分别单独作用,应如何操作?可否直接将不作用的电源(U_1或U_2)短接置零?

(4)叠加定理适用于功率的叠加吗?为什么?

(5)实验电路中,若有一个电阻器改为二极管,试问叠加原理的叠加性与齐次性还成立吗?为什么?

三、实验仪器设备

实验仪器设备如表4-5-1所示。

表4-5-1 验证叠加定理及齐次性的实验仪器设备

序号	名　称	型号与规格	数量	备　注
1	直流稳压电源	0~30V 可调	2	
2	万用表		1	自备
3	直流数字电压表	0~200V	1	
4	直流数字毫安表	0~500mA	1	
5	叠加原理实验电路板		1	DGJ-03

四、实验原理与说明

线性电路最基本的性质，包括可加性和齐次性两个方面。叠加定理是可加性的反映，齐性定理是叠加定理的推广，只适用于线性系统，是分析线性电路的常用方法。

1. 叠加定理

叠加定理在线性电路的分析中起着重要的作用，它是分析线性电路的基础。叠加定理指出：在有多个独立源共同作用下的线性电路中，通过某一元件的电流或其两端的电压，可以看成是由每一个独立源单独作用时在该元件上所产生的电流或电压的代数和。

在叠加的各分路中，当某独立源单独工作时，其他独立源应置零，即电压源“短路”，电流源“开路”。电路中所有电阻不予更动，受控源则保留在各分路中。对各独立源单独作用产生的响应（电压或电流）求代数和时，各支路电压或电流的参考方向应与原电路方向一致，此项前取“+”号；若不一致，则取“-”号。如图 4-5-1 所示，有

$I_1 = I'_1 - I''_1$　　$I_2 = -I'_2 + I''_2$　　$I_3 = I'_3 + I''_3$　　$U = U' + U''$

叠加定理只适用于电压或电流的叠加，功率不满足叠加型，这是因为功率是电压和电流的乘积，与激励不成线性关系。因此，计算功率时可先利用叠加定理求出总电压或总电流，然后再代入功率公式进行计算。

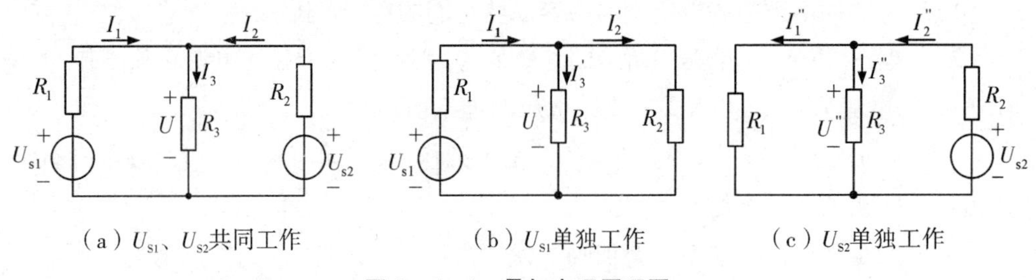

（a）U_{S1}、U_{S2}共同工作　（b）U_{S1}单独工作　（c）U_{S2}单独工作

图 4-5-1　叠加定理原理图

2. 齐性定理

齐性定理是叠加定理的推广，适用于任何线性电路。齐性定理指出：在线性电路中，当激励信号（某独立源的值）增加或减小 K 倍时，电路的响应（即在电路中各电阻元件上所建立的电流和电压值）也将增加或减小 K 倍。

五、实验内容与步骤

实验线路如图 4-5-2 所示，选用 DGJ-03 挂箱的“基尔霍夫定律/叠加原理”线路。U_1、U_2由直流稳压电源供给，令 $U_1 = 12\text{V}$，$U_2 = 6\text{V}$。U_1、U_2是否作用于电路，分别由换路开关 K_1、K_2控制，当开关投入短路一侧时，该电源不作用于电路。

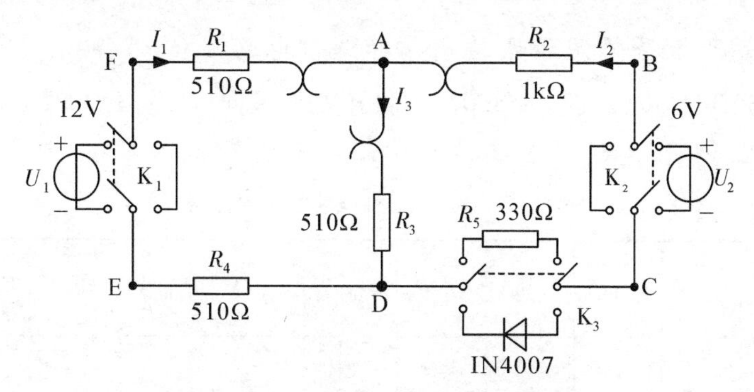

图4-5-2　验证叠加定理的实验电路

1. 验证线性电路的叠加定理与齐性定理

(1)选择"330Ω"电阻 R_5,将两路直流稳压电源的输出分别调节为12V和6V,接入 U_1 和 U_2 处。

(2)令 U_1 电源单独作用(将开关 K_1 投向 U_1 侧,开关 K_2 投向短路侧)。用直流数字电压表和毫安表(接电流插头)测量各支路电流及各电阻元件两端的电压,数据记入表4-5-2。

(3)令 U_2 电源单独作用(将开关 K_1 投向短路侧,开关 K_2 投向 U_2 侧),重复实验步骤(2)的测量内容,实验数据记入表4-5-2中。

(4)令 U_1 和 U_2 共同作用(开关 K_1 和 K_2 分别投向 U_1 和 U_2 侧),重复上述的测量内容,实验数据记入表4-5-2,并验证叠加定理。

(5)令 $2U_2$ 单独工作(将开关 K_1 投向短路侧,开关 K_2 投向 U_2 侧,将 U_2 的数值调至+12V),重复上述第(3)项的测量来验证线性电路的齐次性,实验数据记入表4-5-2。

(6)选取电阻 R_1 两端电压 U_{FA} 和流过的电流 I_1,分别计算上述步骤(2)~(5)三种情况下 R_1 消耗的功率,验证电路功率不满足叠加性和齐次性。

表4-5-2　验证叠加定理和齐性定理的实验数据

测量项目	U_1/V	U_2/V	I_1/mA	I_2/mA	I_3/mA	U_{AB}/V	U_{CD}/V	U_{AD}/V	U_{DE}/V	U_{FA}/V	P_{R1}/W
U_1 单独作用											
U_2 单独作用											
U_1、U_2 共同作用											
$2U_2$ 单独作用											

2. 叠加定理和齐性定理不适用于非线性电路

将R_5(330Ω)换成二极管1N4007(即将开关K_3投向二极管IN4007侧),重复实验1的内容,实验数据记入表4-5-3。

表4-5-3　非线性电路的实验数据

测量项目	U_1/V	U_2/V	I_1/mA	I_2/mA	I_3/mA	U_{AB}/V	U_{CD}/V	U_{AD}/V	U_{DE}/V	U_{FA}/V	P_{R1}/W
U_1单独作用											
U_2单独作用											
U_1、U_2共同作用											
$2U_2$单独作用											

六、实验注意事项

(1)用电流插头测量各支路电流时,或者用电压表测量电压降时,应注意仪表的极性,正确判断测得值的"+""-"号后,记入数据表格。

(2)注意仪表量程的及时更换。

(3)当电压源置零时千万不要直接将直流稳压电源短路,而应用开关K_1或K_2来操作。

七、实验报告

(1)整理实验数据,验证线性电路的叠加性与齐次性,

(2)各电阻所消耗的功率能否用叠加定理计算得出?试用上述实验数据进行计算并给出结论。

4.6　戴维南定理、诺顿定理与最大功率传输定理

一、实验目的

(1)验证戴维南定理和诺顿定理的正确性,加深对该定理的理解。

(2)掌握测量有源二端网络等效参数的一般方法。

二、预习与思考

(1)什么是戴维南定理?何谓"等效"?

(2)计算图4-6-7所示有源二端电路的等效参数,以便测量时准确选择电表的量程。

(3)测量有源二端网络开路电压和等效电阻各有几种方法,并比较其优缺点。

(4)怎样理解“使网络中的独立电源为零”?实验中怎样将独立电压源置零?

(5)在求解戴维南或诺顿等效电路时,短路实验测 I_{sc} 的条件是什么?本实验可以直接做负载短路实验吗?

三、实验仪器设备

实验仪器设备如表4-6-1所示。

表4-6-1　验证戴维南定理与诺顿定理的实验仪器设备

序号	名　称	型号与规格	数量	备　注
1	直流稳压电源	0~30V	2	
2	直流恒流源	0~200mA	1	
3	直流数字电压表	0~200V	1	
4	直流数字毫安表	0~500mA	1	
5	万用表		1	自备
6	可调电阻箱	D-99999.9Ω		
7	电位器	1kΩ/2W		
8	戴维南定理/诺顿定理电路板			DGJ-03

四、实验原理与说明

1.戴维南定理和诺顿定理

戴维南定理指出,任何一个含源线性二端网络,对外电路来说,可以用一个电压源和电阻的串联组合等效置换,如图4-6-1所示,此电压源的激励电压等于二端网络的开路电压 U_{oc},等效电阻 R_o 等于二端网络内全部独立电源置零后的输入电阻。

诺顿定理与戴维南定理互为对偶的定理。定理指出,对于一个含源线性二端网络,就其外部状态而言,可以用一个独立电流源和电阻的并联组合来等效,如图4-6-2所示。其中,电流源是二端网络的短路电流 I_{sc},其等效电阻 R_o 定义同戴维南定理。

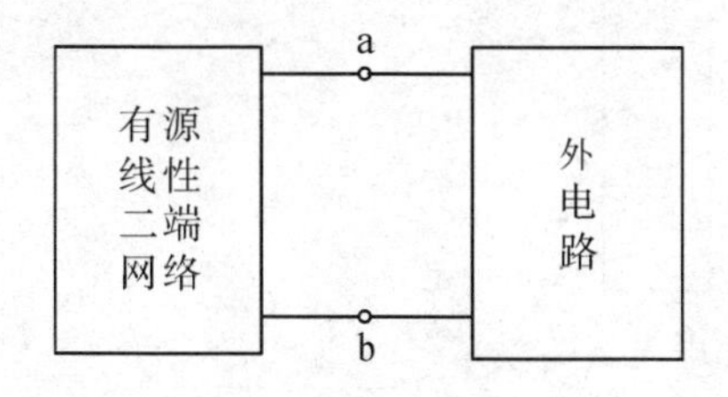

(a)有源二端网络

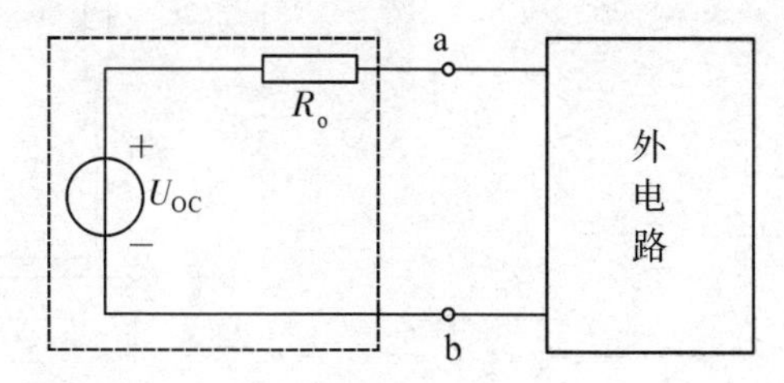

(b)等效电路

图4-6-1　戴维南等效电路

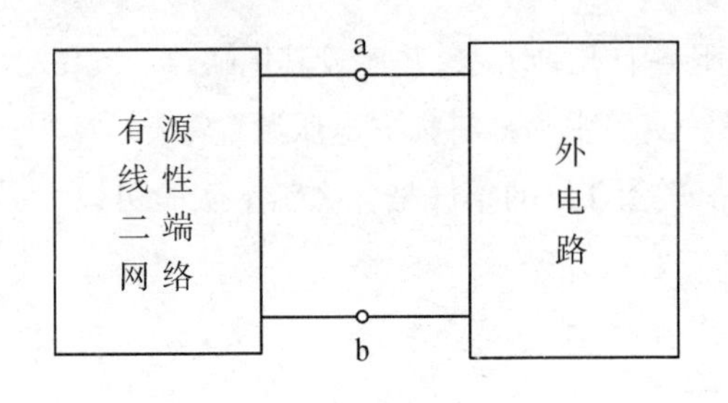

（a）有源二端网络

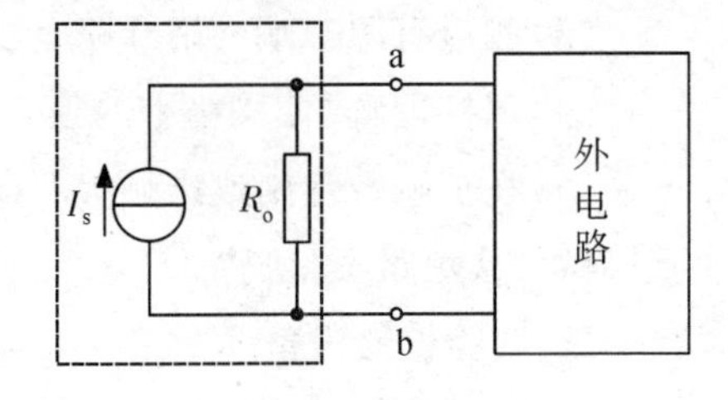

（b）等效电路

图4－6－2　诺顿等效电路

戴维南定理和诺顿定理是最常用的电路简化方法。由于戴维南定理和诺顿定理都是将有源二端网络等效为电源支路，因此统称为等效电源定理。所谓等效，是针对外电路而言的，即保证端口处的电压、电流不变，而对端口以内的电路并不等效。

戴维南定理和诺顿定理只适用于线性电路，也就是说，含源二端网络必须是线性电路。但是对二端网络以外的电路则没有限制，可以是线性电路，也可以是非线性电路。如果电路中含有受控源，求解含源二端网络的等效内阻时，不能将受控源当独立源看待，即其他独立源都置零时，受控源应保留在电路中。

2. 有源二端网络等效参数的测量方法

1）开路电压 U_{oc} 的测量

（1）电压表直接测量法：若含源线性二端网络的等效电阻远小于电压表内阻，则可直接用电压表测量输出端的开路电压，或者也可选择高电阻电压表进行测量，但使用电压表直接测量往往会造成较大的误差。

（2）零示法：为了消除电压表内阻的影响，可以采用零示法进行测量。零示法是用一个低电阻稳压电源与被测含源线性二端网络进行比较，如图4－6－3所示，当稳压电源的输出电压与二端网络的开路电压相等时，电压表读数将为0，此时断开电路，测量稳压电源的输出电压，即为被测含源二端网络的开路电压。

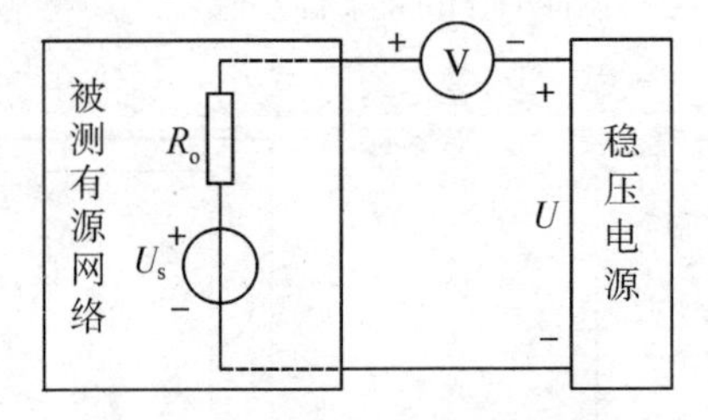

图4－6－3　零示法测量开路电压

2）短路电流 I_{sc} 的测量

在含源线性二端网络的输出端串入电流表，直接测量其短路电流 I_{sc}。

3）等效电阻 R_o 的测量

（1）万用表直接测量法：将含源二端网络中所有独立源置零（电压源短路、电流源开路），用万用表欧姆挡测量二端网路的电阻即为 R_o。

(2)开路电压、短路电流法:在含源线性二端网络输出端开路时,用电压表测量其开路电压 U_{oc},然后将输出端短路,用电流表测其短路电流 I_{sc},则等效电阻:$R_o = U_{oc}/I_{sc}$。

(3)外接测试电源法:将二端网络内所有独立源清零,然后在端口处外加测试电源电压 U,并测量相应的端口电流 I,则等效电阻:$R_o = U/I$。但此方法忽略了电源内阻,会影响测量精度。

(4)伏安法:用电压表、电流表测出有源二端网络的外特性曲线,如图4-6-4所示。根据外特性曲线求出斜率 tanφ,则等效内阻为

$$R_o = \tan\varphi = \frac{\triangle U}{\triangle I} = \frac{U_{oc}}{I_{sc}}$$

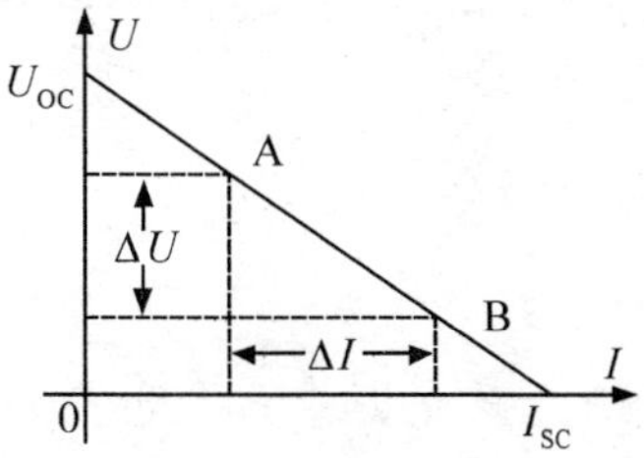

图4-6-4　有源二端网络的外特性曲线

也可以先测量开路电压 U_{oc},再测量电流为额定值 I_N 时的输出端电压值 U_N,则内阻为

$$R_o = \frac{U_{oc} - U_N}{I_N}$$

(5)半电压法:在二端网络开路端接一可变电阻 R_L,并测出其两端电压 u_L。从图4-6-5戴维南等效电路可知,

$$u_L = U_o \frac{R_o}{R_o + R_L}$$

所以有

$$R_o = R_L \frac{U_o - u_L}{u_L}$$

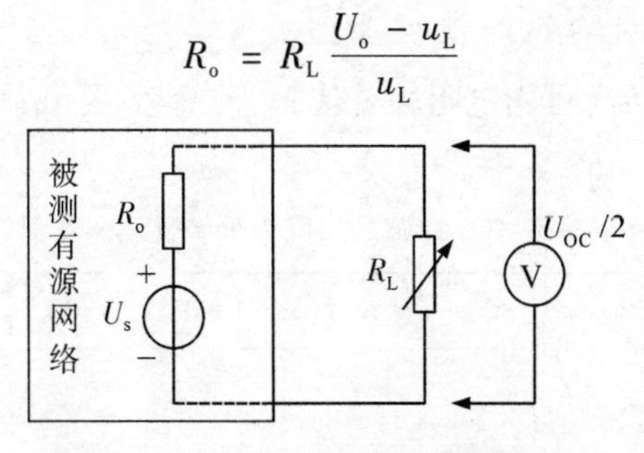

图4-6-5　半电压法测量等效电阻

改变 R_L,当 $u_L = 1/2U_{oc}$ 时,即电压表读数为二端网络开路电压的一半,此时的 R_L 值等于等效电阻 R_o。半电压法在测量各个电压时采用的是同一个电压表,在很大程

度上抵消了电压表内阻带来的误差。

3. 最大功率传输定理

一个有源线性二端网络，当所接负载不同时，该二端网络传输给负载的功率就不同。对于信号传送来讲，优先考虑的是负载如何由信号源获得最大功率，这种使负载获得最大功率的情况称为“匹配”。

根据戴维南定理，可将有源二端网络等效成理想电压源 U_{oc} 和一个电阻 R_o 串联的电路模型，如图 4-6-6 所示，当负载电阻等于有源线性二端网络的等效电阻时，即 $R_L = R_o$，则负载 R_L 可获得最大功率：$P_{max} = \dfrac{U_{oc}^2}{4R_o}$，这时电路的效率：$\eta = \dfrac{P_{max}}{P} \times 100\% = \dfrac{I^2 R_L}{I^2(R_o + R_L)} \times 100\% = 50\%$。

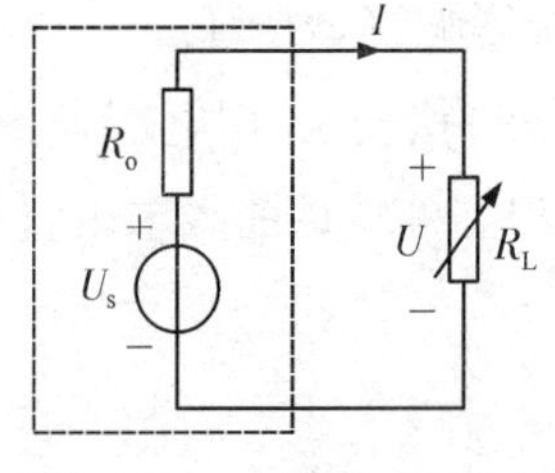

图 4-6-6　最大功率传输

五、实验内容与步骤

1. 测定有源二端网络的开路电压、短路电流和等效电阻

按图 4-6-7 所示电路接入直流稳压电源 $U_s = 12V$ 和恒流源 $I_s = 10mA$，不接入 R_L，分别用上述实验原理中的各种方法来测量该二端网络的开路电压、短路电流和等效电阻，结果记入表 4-6-2 中。

表 4-6-2　有源二端网络等效参数测量结果

参数	U_{oc}/V		I_{sc}/mA	R_o/Ω				
测量方法	电压表直接测量	零示法	直接短路测量	万用表直接测量	开路电压，短路电流法	外接测试电源法	伏安法	半电压法
测量值								
理论值								

2. 测定有源二端网络的外特性曲线

按图 4-6-7 接入 R_L（可用电阻箱替代）。改变 R_L 阻值，测量有源二端网络的外特性曲线，结果记入表 4-6-3 中。

表 4-6-3　有源二端网络外特性测量结果

R_L/Ω	0	100	300	600	1000	1500	2200	3000	∞
U/V									
I/mA									

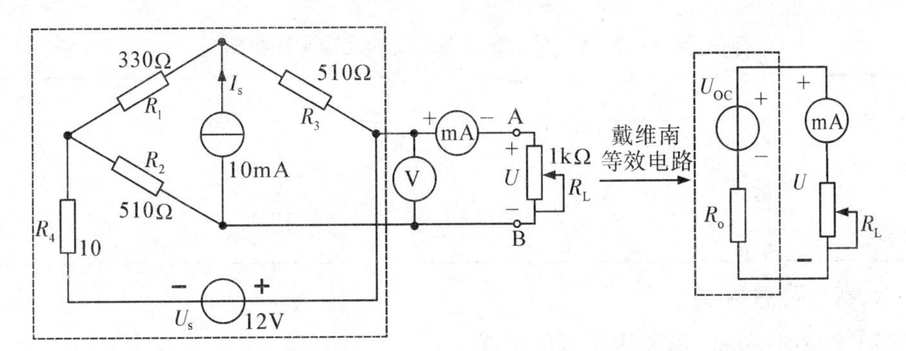

图4-6-7　被测有源二端网络　　　图4-6-8　戴维南等效电路

3. 验证戴维南定理

从电阻箱上取得按步骤“1”所得的等效电阻 R_o之值，然后令其与直流稳压电源(调到步骤“1”时所测得的开路电压 U_{oc}之值)相串联，如图4-6-8所示，仿照步骤“2”测其外特性，对戴维南定理进行验证，结果记入表4-6-4中。

表4-6-4　戴维南等效电路的外特性测量结果

R_L/Ω	0	100	300	600	1000	1500	2200	3000	∞
U/V									
I/mA									

4. 验证诺顿定理

从电阻箱上取得按步骤“1”所得的等效电阻 R_o之值，然后令其与直流恒流源(调到步骤“1”时所测得的短路电流 I_{SC}之值)相并联，如图4-6-9所示，仿照步骤“2”测其外特性，对诺顿定理进行验证，结果记入表4-6-5中。

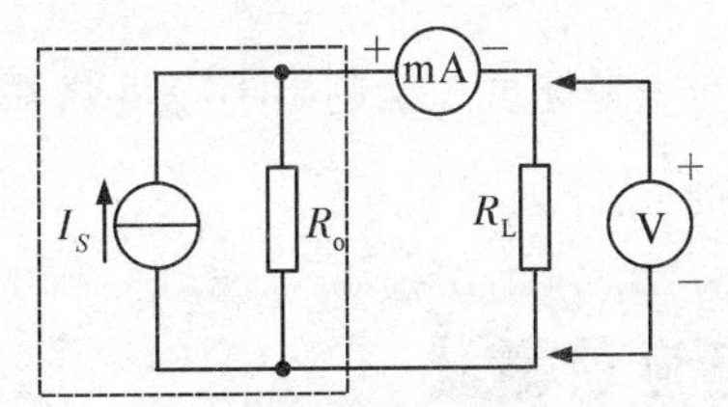

图4-6-9　诺顿等效电路

表4-6-5　诺顿等效电路的外特性测量结果

R_L/Ω	0	100	300	600	1000	1500	2200	3000	∞
U/V									
I/mA									

5. 最大功率传输定理的验证

按图4-6-8接线，R_L使用电阻箱。调节 R_L，使 $U_L = 1/2U_{oc}$，此时 $R_o = R_L$，将 R_L记入表4-6-6中 R_L栏所空之处。改变 R_L的值，测量对应的 U_L和 I 记入表格，并计算功率 P_L。

表 4-6-6　验证最大功率传输定理实验数据

R_L/Ω		10	50	$R_L=$	150	200
测量值	I/mA					
	U_L/V					
计算值	P_L/W					

六、实验注意事项

(1)测量时应注意电流表量程的更换。

(2)用万用表直接测量等效电阻 R_0时,欧姆挡必须先调零,并将二端网络内的独立源清零后再进行测量,以免损坏万用表。

(3)采用外接测试电源法,电压源置零时不可将稳压源短接,电流源置零时不能将恒流源开路。

(4)注意电位器的正确连接。

(5)电路接线经检查无误后才可接通电源,改接线路时,要关掉电源。

七、实验报告

(1)对不同测量方法得到的有源二端网络等效电阻的数据进行比较分析,说明各种方法的优缺点。

(2)根据实验数据,在坐标纸上分别绘制出待测有源二端网络、戴维南和诺顿等效电路外特性的伏安特性曲线。

(3)根据戴维南电路和诺顿电路的测量数据和曲线,研究电压源与电流源的等效变换。

(4)整理实验数据,在同一坐标纸上绘制出不同负载 R_L下的功率 P_L的曲线,说明获得最大负载功率 P_L的条件。

4.7　RC 一阶电路响应的测试

一、实验目的

(1)测定 RC 一阶电路的零输入响应、零状态响应及完全响应。

(2)学习用示波器测定一阶电路时间常数的方法。

(3)学会用示波器观察微分和积分电路的波形,掌握其规律和特点。

二、预习与思考

(1)熟悉脉冲信号发生器和示波器的使用说明。

(2)什么是零输入响应和零状态响应?什么样的电信号可作为 RC 一阶电路零输入响应、零状态响应的激励源?

(3)已知 RC 一阶电路 $R=10\text{k}\Omega$,$C=0.1\mu\text{F}$,试计算时间常数 τ,并根据 τ 值的物

理意义,拟定测量 τ 的方案。

(4)何谓积分电路和微分电路,它们必须具备什么条件?它们在方波序列脉冲的激励下,其输出信号波形的变化规律如何?这两种电路有何功用?

(5)若保持电路参数不变,仅改变输入信号 u_s 的幅度,响应会有什么变化?

三、实验仪器设备

实验仪器设备如表4-7-1所示。

表4-7-1　测试RC一阶电路的实验仪器设备

序号	名　称	型号与规格	数量	备　注
1	函数信号发生器		1	
2	双踪示波器		1	自备
3	动态电路实验板		1	DGJ-03

四、实验原理与说明

1. 零状态响应和零输入响应

描述动态电路(含储能原件 L、C)的性能方程称为微分方程,凡可用一阶微分方程描述的电路称为一阶电路。其中,把储能元件初始值为零的电路对激励的响应称为零状态响应,而电路在无激励情况下,由储能元件初始状态引起的响应则称为零输入响应。

动态网络具有短暂的单次变化过程,该过渡过程不能很好地借助示波器来测量一阶电路的相关参数。为此,我们利用函数信号发生器输出的方波来模拟阶跃激励信号的重复变化,即利用方波输出的上升沿作为零状态响应的正阶跃激励信号;利用方波的下降沿作为零输入响应的负阶跃激励信号。只要选择方波的重复周期远大于电路的时间常数 τ,电容器能获得充分的充电和放电,那么电路在这样的方波序列脉冲信号的激励下,它的响应就和直流电接通与断开的过渡过程是基本相同的。如果电路的时间常数 τ 并不远小于方波的周期,则电路将处于不完全充放电的状态,因此属于非零状态响应和非零输入响应。

图4-7-1(a)是RC一阶电路,图4-7-1(b)和图4-7-1(c)分别为其零输入响应波形和零状态响应波形,从图中可知,两响应分别按指数规律衰减和增长,其变化的快慢决定于电路的时间常数 τ。

2. 时间常数 τ 的测定

时间常数 τ 是反映电路过程进行快慢的物理量。虽然理论上过渡过程的历时无限长,但实际上经过4~5τ,电路已趋于稳态。因此,RC电路充放电的时间常数 τ 可以从响应波形曲线中估算出来。设时间单位 t 确定,对于充电曲线,当幅值上升到终值的63.2%时所对应的时间即为一个 τ,如图4-7-1(c)所示。而对于放电曲线来说,如图4-7-1(b)所示,幅值下降到初始值的36.8%所对应的时间即为一个 τ。

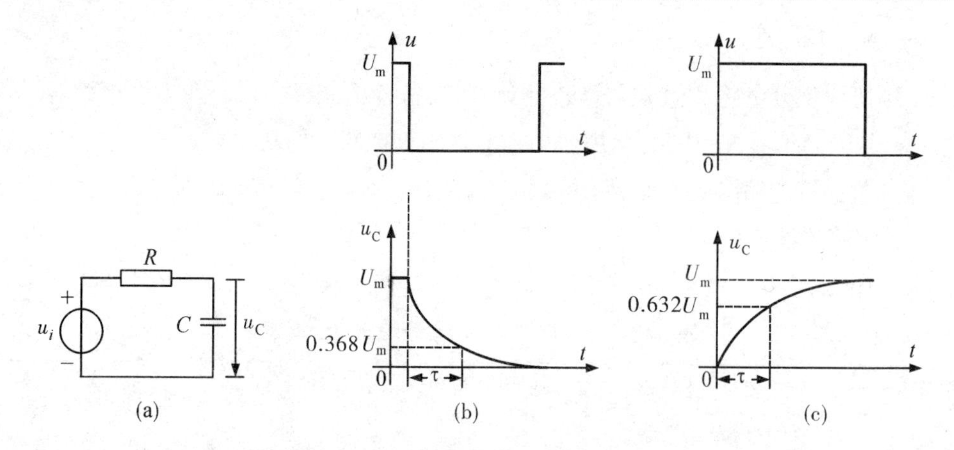

图 4-7-1　RC 一阶电路及响应波形

3. 微分电路和积分电路

微分电路是 RC 一阶电路中较典型的电路，如图 4-7-2(a)所示，它对电路元件参数和输入信号的周期有着特定的要求。一个简单的 RC 串联电路，在方波序列脉冲的重复激励下，当满足 $\tau = RC \ll T/2$ 时（T 为方波脉冲的重复周期），且由 R 两端的电压作为响应输出，则该电路就是一个微分电路，此时电路的输出信号电压与输入信号电压的微分成正比。利用微分电路可以将方波转变成尖脉冲，如图 4-7-2(b)所示。

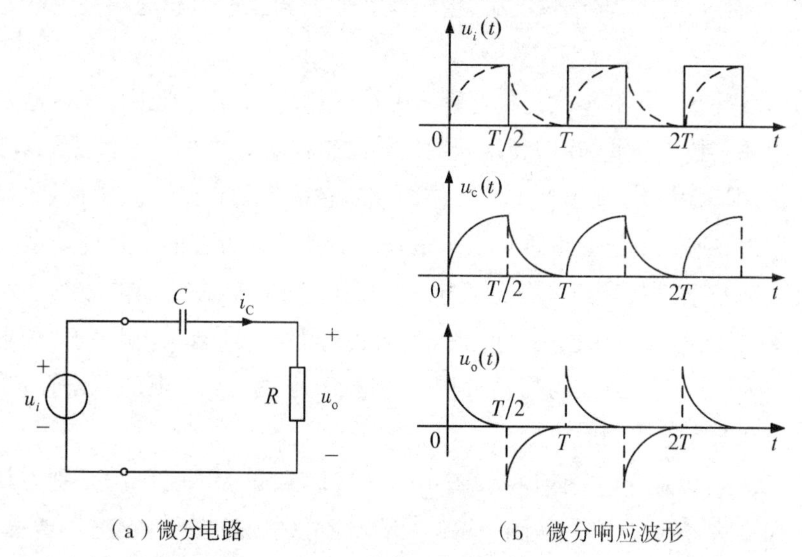

图 4-7-2　微分电路及响应波形

若将图 4-7-2(a)中 R 与 C 位置调换一下，如图 4-7-3(a)所示，由 C 两端的电压作为响应输出，且当电路参数满足 $\tau = RC \gg T/2$，则该 RC 电路称为积分电路，此时电路的输出电压与输入电压的积分成正比。利用积分电路可将方波转变成三角波，如图 4-7-3(b)所示。

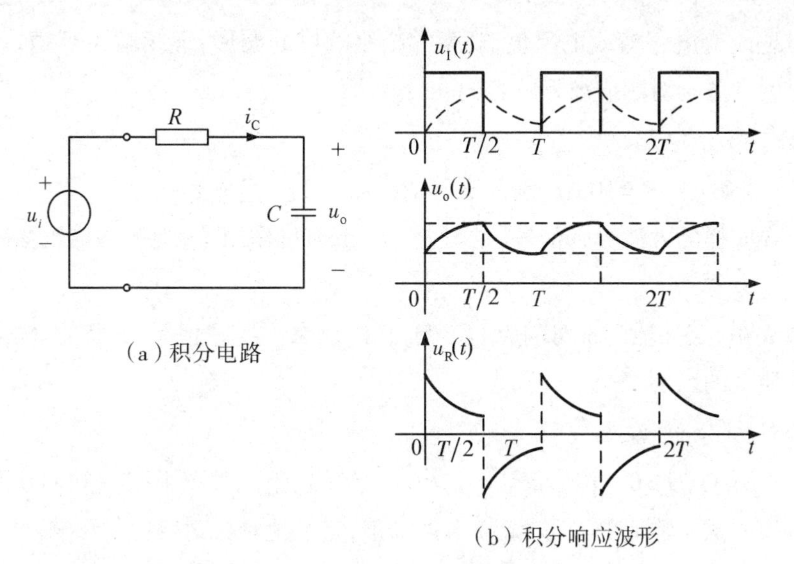

（a）积分电路

（b）积分响应波形

图4-7-3　积分电路及响应波形

从输入输出波形来看，微分电路和积分电路均起着波形变换的作用，请在实验过程仔细观察与记录。

五、实验内容与步骤

实验线路板的器件组件如图4-7-4所示，请认清 R、C 元件的布局及其标称值，各开关的通断位置等。

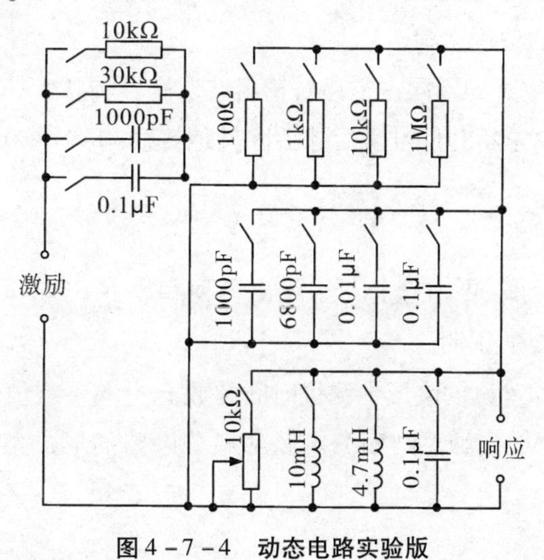

图4-7-4　动态电路实验版

1. RC一阶电路响应波形的观测

采用实验电路板上的器件 $R=10\text{k}\Omega$，$C=6800\text{pF}$ 组成图4-7-1（a）所示的RC充放电电路。u_i 为脉冲信号发生器输出的 $U_m=3\text{V}$，$f=1\text{kHz}$ 的方波电压信号，并通过两根同轴电缆线，将激励源 u_i 和响应 u_C 的信号分别连至示波器的两个输入口 Y_A 和 Y_B，用示波器观察激励与响应的变化规律，测算出时间常数 τ，并用方格纸按1∶1的比例描绘波形。

少量地改变电容值或电阻值，观察并描绘响应的波形，继续增大 C 值，定性地观察不同时间常数 τ 对响应波形的影响。

2. RC 微分电路

令 $C=0.01\mu F$，$R=100\Omega$（满足 $\tau = RC \ll T/2$），组成如图 4-7-2(a)所示的微分电路。在同样的方波激励信号（$U_m=3V$，$f=1kHz$）作用下，观测并描绘激励与响应的波形。

增减 R 值，定性地观察对响应的影响，并作记录。当 R 增至 $1M\Omega$ 时，输入输出波形有何本质上的区别？

3. RC 积分电路

令 $R=10k\Omega$，$C=0.1\mu F$（满足 $\tau = RC \gg T/2$），组成如图 4-7-3(a)所示的积分电路。观察并描绘响应的波形，继续增大 C 值，定性地观察对响应的影响。

六、实验注意事项

(1)调节电子仪器各旋钮时，动作不要过快、过猛。实验前，需熟读双踪示波器的使用说明书。观察双踪时，要特别注意相应开关、旋钮的操作与调节。

(2)信号源的接地端与示波器的接地端要连在一起（称共地），以防外界干扰而影响测量的准确性。

(3)示波器的辉度不应过亮，尤其是光点长期停留在荧光屏上不动时，应将辉度调暗，以延长示波管的使用寿命。

(4)选择信号发生器的不同占空比对输出波形有影响。

(5)做完实验，要先断开信号源后才拆除其他接线端，不可在通电情况下拆除 RC 电路。

七、实验报告

(1)根据实验观测结果，在坐标纸上绘出各种参数下 RC 一阶电路充放电时 u_C 的变化曲线，并作出必要的说明。

(2)由方波响应 $u_C(t)$ 的波形中测得时间常数 τ，并与参数值的计算结果作比较。

(3)根据实验结果，归纳总结积分电路和微分电路的形成条件，阐明波形变换的特征。

4.8 二阶电路动态响应的研究

一、实验目的

(1)测试二阶动态电路的零状态响应和零输入响应，了解电路元件参数对响应的影响。

(2)观察分析二阶电路响应的三种状态轨迹及其特点，加深对二阶电路响应的理解。

(3)学习欠阻尼响应波形的衰减振荡角频率 ω_d 和衰减系数 α 的测量。

二、预习与思考

(1)什么是二阶电路？R、L、C 并联电路的零输入响应和零状态响应如何求解？

(2)R、L、C 并联电路的零输入响应有几种形式，如何判断？

(3)R、L、C 并联电路的零输入响应属于临界情况，增大或减小 R 的数值，电路的响应将分别改变为过阻尼还是欠阻尼？说明原因。

(4)在 R、L、C 并联电路中，R 可调范围内，零输入响应属于欠阻尼情况。试说明增大或减小 R 的值，对衰减系数 α 和振荡角频率 ω_d 各有什么影响。

(5)R、L、C 并联电路的衰减系数 α 及固有频率 ω_0 与信号源有无关系？

三、实验仪器设备

实验仪器设备如表 4－8－1 所示。

表 4－8－1　测试 RC 一阶电路实验仪器设备

序号	名　称	型号与规格	数量	备　注
1	函数信号发生器		1	
2	双踪示波器		1	自备
3	动态电路实验板		1	DGJ－03

四、实验原理与说明

一个二阶 R、L、C 电路在方波正、负阶跃信号的激励下，无论是零输入响应，还是零状态响应，电路的过渡过程的性质都由特征方程

$$LCp^2 + RCp + 1 = 0$$

的特征根

$$p_{1,2} = -\frac{R}{2L} \pm \sqrt{\left(\frac{R}{2L}\right)^2 - \frac{1}{LC}} = -\alpha \pm \sqrt{\alpha^2 - \omega_0^2} = -\alpha \pm j\omega_d$$

来决定。其中，$\alpha = R/2L$ 称为衰减系数，$\omega_0 = 1/\sqrt{LC}$ 称为固有谐振角频率，$\omega_0 = \sqrt{\omega_0^2 - \alpha^2}$ 称为衰减振荡角频率。因此，二阶电路响应的变化轨迹决定于电路的固有频率。当调节电路的元件参数值，使电路的固有频率分别取不同值时，可获得具有不同特点的响应波形。

(1)当 $R > \sqrt{\frac{L}{C}}$ 时，$p_{1,2}$ 为两个不等的负实数时，对应响应的波形呈单调衰减，这种情况称为过阻尼。

(2)当 $R < \sqrt{\frac{L}{C}}$ 时，$p_{1,2}$ 为一对实部为负的共轭复数时，对应响应波形呈衰减振荡，这种情况称为欠阻尼。

(3) 当 $R=\sqrt{\dfrac{L}{C}}$ 时，$p_{1,2}$ 为一对相等的负实数时，对应响应呈单调衰减，这种情况称为临界阻尼。

(4) 当 $R=0$ 时，$p_{1,2}$ 为一对共轭虚数时，对应响应波形呈等幅振荡，这种情况为无阻尼。

无论是零输入响应，还是零状态响应，二阶电路响应 α、ω_d 是相同的，都可以根据响应波形测量出来。以零输入响应为例，如图 4－8－1 所示，已知响应 $u(t)$ 在示波器上的波形，其中，$u_{1m}=A\mathrm{e}^{-\alpha t_1}$，$u_{2m}=A\mathrm{e}^{-\alpha t_2}$，则：

$$\frac{u_{1m}}{u_{2m}}=\mathrm{e}^{\alpha(t_2-t_1)}$$

$$t_2-t_1=T$$

$$\alpha=\frac{1}{T}\ln\frac{u_{1m}}{u_{2m}}$$

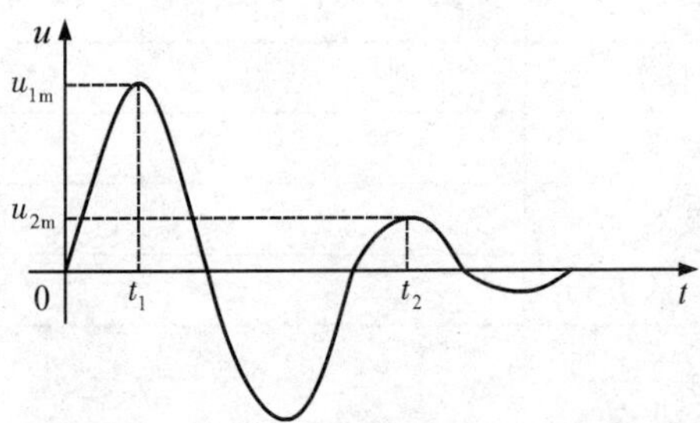

图 4－8－1　欠阻尼状态的响应波形

简单而典型的二阶电路是一个 R、L、C 串联电路和 GCL 并联电路，这二者之间存在着对偶关系。本实验仅对 GCL 并联电路进行研究。

五、实验内容与步骤

实验线路板的器件组件与 4.7 实验中的图 4－7－4 相同，利用动态电路板中的元件与开关的配合作用，组成如图 4－8－2 所示的 GCL 并联电路。

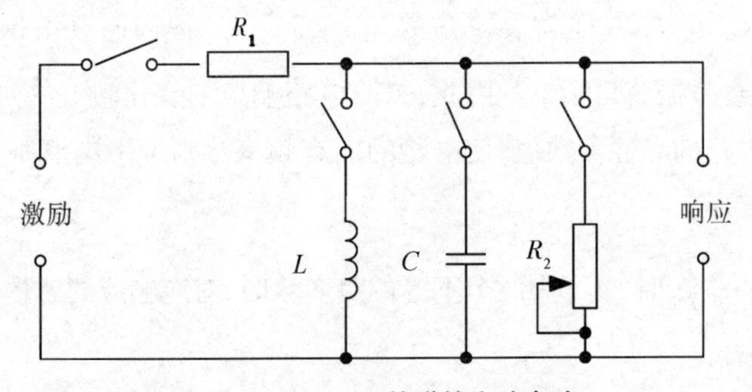

图 4－8－2　GCL 并联的实验电路

令 $R_1=10\text{k}\Omega$，$L=4.7\text{mH}$，$C=1000\text{pF}$，R_2 为 $10\text{k}\Omega$ 可调电阻。令函数信号发生器的输出为 $U_m=1.5\text{V}$，$f=1\text{kHz}$ 的方波脉冲，通过同轴电缆接至图中的激励端，同时用

同轴电缆将激励端和响应输出接至双踪示波器的 Y_A 和 Y_B 两个输入口。

(1)调节可变电阻器 R_2 值，观察二阶电路的零输入响应和零状态响应由过阻尼过渡到临界阻尼，最后过渡到欠阻尼的变化过渡过程，分别定性描绘、记录响应的典型变化波形。

(2)调节 R_2 使示波器荧光屏上呈现稳定的欠阻尼响应波形，定量测定此时电路的衰减常数 α 和振荡频率 ω_d，结果记入表4-8-2中。

(3)改变一组电路参数，如增、减 L 或 C 值，重复步骤(2)的测量，并作记录。随后仔细观察，改变电路参数时，ω_d 与 α 的变化趋势，并作记录。

表4-8-2 二阶电路参数测量结果

电路参数	元件参数				测量值	
实验次数	R_1	R_2	L	C	α	ω
1	10kΩ	调至某一欠阻尼状态	4.7mH	1000PF		
2	10kΩ		4.7mH	0.01μF		
3	30kΩ		4.7mH	0.01μF		
4	10kΩ		10mH	0.01μF		

六、实验注意事项

(1)参见4.7节实验注意事项。

(2)调节 R_2 时，动作不要过快、过猛，要细心、缓慢，临界阻尼要找准。

(3)观察双踪时，显示要稳定，如不同步，则可采用外同步法触发(看示波器说明)。

(3)为减少测量误差，应使示波器屏幕上的波形足够大，且保证波形为一个完整周期。

七、实验报告

(1)根据观测结果，在坐标纸上描绘二阶电路过阻尼、临界阻尼和欠阻尼的响应波形。

(2)测算欠阻尼振荡曲线上的 α 与 ω_d。

(3)归纳、总结电路元件参数的改变，对响应变化趋势的影响。

4.9 R、L、C 元件阻抗特性的测定

一、实验目的

(1)掌握交流电路元件参数的实验测定方法。

(2)加深对R、L、C元件在正弦交流电路中基本特性的认识。

(3)验证电阻、感抗、容抗与频率的关系，测定 $R\sim f$、$X_L\sim f$、$X_C\sim f$ 特性曲线。

(4)加深理解 R、L、C 元件端电压与电流间的相位关系。

二、预习与思考

(1)复习电阻、电感、电容元件阻抗与频率、相位之间的关系。

(2)直流电路中电容和电感各起什么作用?

(3)实验中为什么要用示波器测量电压和电流,而不用万用表? 测量电流时将示波器串入电路是否可行? 为什么?

(4)测量 R、L、C 各个元件的阻抗角时,为什么要与它们串联一个小电阻? 可否用一个小电感或大电容代替? 为什么?

三、实验仪器设备

实验仪器设备如表 4-9-1 所示。

表 4-9-1　R、L、C 元件阻抗测定的实验仪器设备

序号	名　称	型号与规格	数量	备　注
1	函数信号发生器		1	
2	交流毫伏表	0~600V	1	
3	双踪示波器		1	自备
4	频率计		1	
5	实验线路元件	$R=1\text{k}\Omega$,$C=1\text{MF}$,L 约 1H	1	
6	电阻	$r=30\Omega$	1	

四、实验原理与说明

1. R、L、C 元件阻抗的测定

在正弦交流信号作用下,R、L、C 各电路元件在电路中的抗流作用与信号的频率有关,它们的阻抗频率特性 $R\sim f$、$X_L\sim f$、$X_C\sim f$ 曲线如图 4-9-1 所示。

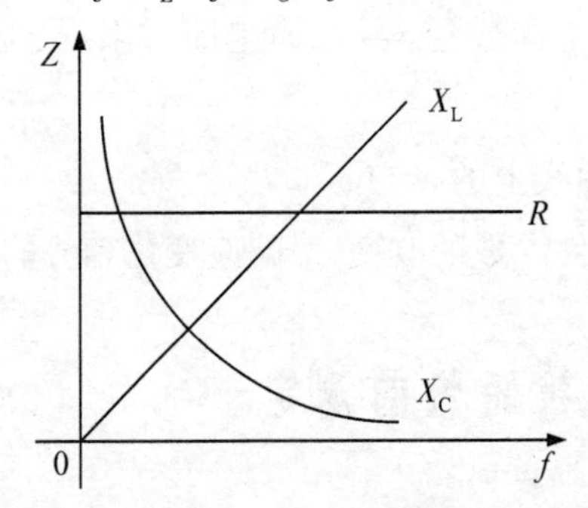

图 4-9-1　R、L、C 阻抗频率特性曲线

元件阻抗频率特性的测量电路如图 4-9-2 所示,图中 r 是提供测量回路电流用的标准小电阻,由于 r 的阻值远小于被测元件的阻抗值,因此可以认为 AB 之间的电压是被测元件两端的电压,而流过被测元件的电流则由 r 两端电压除以 r 得到。

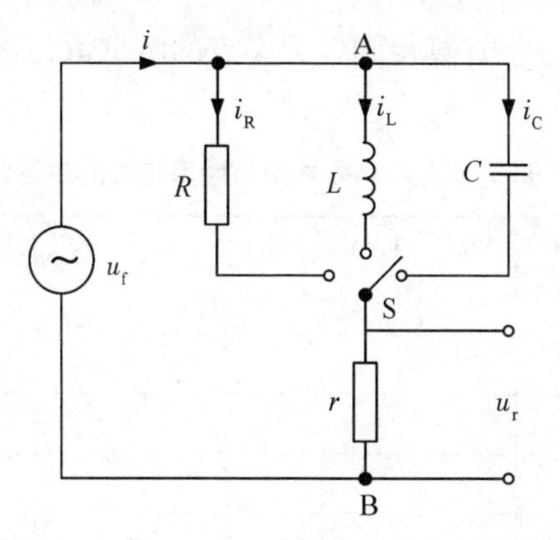

图 4-9-2 R、L、C 阻抗频率特性测试电路

2. R、L、C 元件阻抗角频率的测定

元件的阻抗角(即元件端电压与电流之间的相位差)随输入信号频率的变化而变化,它们之间的关系称为元件的阻抗角频率特性。

若用双踪示波器同时观察 r 两端电压 U_r 与被测元件两端的电压 U_{AB},即反映出被测元件两端电压与流过该元件的电流的波形,从而可以在荧光屏上直接测出电压与电流的幅值及它们之间的相位差(即元件的阻抗角)。

用双踪示波器测得元件端电压与电流的波形如图 4-9-3 所示,从荧光屏上数得一个周期占 n 格,相位差占 m 格,则实际的相位差 φ 为

$$\varphi = m \times \frac{360^\circ}{n}$$

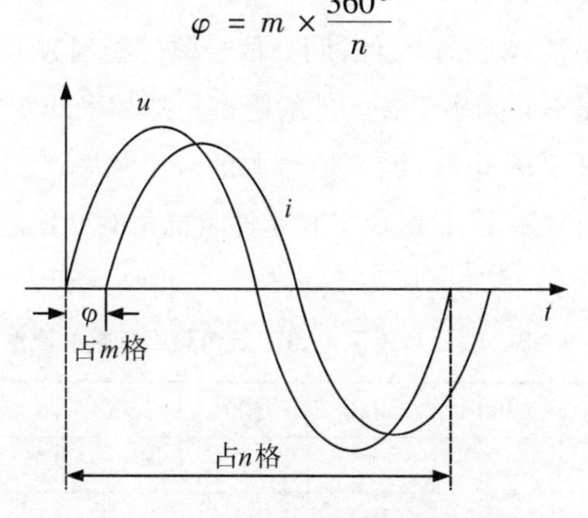

图 4-9-3 用双踪示波器测量阻抗角

五、实验内容与步骤

在电路实验板上按图 4-9-2 接线,其中 $R = 1\text{k}\Omega$, $C = 1\mu\text{F}$, $L = 1\text{H}$, $r = 30\Omega$, u_f 作为激励源,由函数信号发生器的输出正弦信号提供,用交流毫伏表测量,使激励电压的有效值为 $U_f = 3\text{V}$,并在实验过程中保持不变。

1. 测量 R、L、C 元件的阻抗频率特性

使开关 S 分别接通 R、L、C 三个元件,调节信号源的输出频率从 200Hz 逐渐增至 5kHz 左右,用交流毫伏表分别测量每个频率对应的被测元件端电压 U_R、U_L、U_C 及电阻

元件 r 两端的电压 U_r，并进行计算得到各频率点的阻抗值，测量与计算结果一并记入表4－9－2中。

表4－9－2　R、L、C 元件阻抗频率特性的测量结果

频率 f/Hz		200	800	1.5k	2k	2.5k	3k	3.5k	4k	4.5k	5k
R	U_R/V										
	U_r/V										
	$I_R = U_r$/r/mA										
	$R = U_R/I_R$/kΩ										
L	U_L/V										
	U_r/V										
	$I_L = U_r/r$/mA										
	$X_L = U_L/I_L$/kΩ										
C	U_C/V										
	U_r/V										
	$I_C = U_r$/r/mA										
	$X_C = U_C/I_C$/kΩ										
注意：在接通 C 测试时，信号源频率应控制在 200～2500Hz											

2. 测量阻抗角频率特性

开关 S 分别接通 R、L、C 三个元件，调节信号源的输出频率，使其逐渐增大，用双踪示波器定性地观察在不同频率下各元件的阻抗角随频率的变化情况。

将上述电路元件 R、L、C 串联，调节信号源的输出频率，使其逐渐增大，用双踪示波器观察并测量在不同频率下 R、L、C 串联元件阻抗角的变化情况（即观察 R、L、C 串联阻抗的端电压 $U_{R、L、C}$ 与 r 的端电压 U_r 的相位差），将结果记入表 4－9－3 中。

表4－9－3　R、L、C 串联电路阻抗角频率特性的测量结果

频率 f/Hz	200	300	400	500	600	700	800	1000
N/格								
M/格								
φ								

六、实验注意事项

（1）交流毫伏表属于高阻抗电表，测量前必须先调零。

（2）测量阻抗角 φ 时，示波器的“V/div”和“t/div”的微调旋钮应旋至“校准位置”。

七、实验报告

（1）根据测量数据计算各元件的参数，填入相应表中。

(2)根据实验结果,在坐标纸上描绘R、L、C三个元件的阻抗频率特性曲线,从中可得出什么结论?

(3)根据实验结果,在坐标纸上描绘R、L、C三个元件串联阻抗角频率特性曲线,并总结、归纳出结论。

4.10　三表法测量交流电路参数

一、实验目的

(1)学会用交流电压表、交流电流表和功率表测量元件的交流等效参数的方法。

(2)学会功率表的接法和使用。

(3)理解阻抗的定义,掌握用电压、电流和功率三个参数来计算阻抗的方法。

(4)学会用串、并联电容的方法来判断负载的性质。

二、预习与思考

(1)什么是交流电路的阻抗?电阻性、感性和容性电路各有什么特点?如何判别?

(3)在50Hz的交流电路中,测得铁心线圈的P、I和U,如何算得它的阻值及电感量?

(4)如何用串联电容的方法来判别阻抗的性质?试用I随X'_C(串联容抗)的变化关系作定性分析,证明串联试验时,C'满足$\frac{1}{\omega C'} < |2X|$。

三、实验仪器设备

实验仪器设备如表4-10-1所示。

表4-10-1　三表法测量交流电路参数的实验仪器设备

序号	名　称	型号与规格	数量	备　注
1	交流电压表	0~500V	1	
2	交流电流表	0~5A	1	
3	功率表		1	DGJ-06-1
4	自耦调压器		1	DG01
5	镇流器(电感线圈)	与40W日光灯配用	1	DGJ-04
6	电容器	1μF,4.7μF/500V	1	
7	白炽灯	15W/220V	3	

四、实验原理与说明

二端无源网络的交流参数可写为复阻抗形式,即

$$Z = R + \mathrm{j}X$$

其中,实部R为等效电阻,虚部X为等效电抗。当$X>0$时,复阻抗呈电感性;当$X<0$

时，复阻抗呈电容性；当 $X=0$ 时，复阻抗呈电阻性。

1. 三表法及电路交流参数的测量

正弦交流信号激励下的元件值或阻抗值，可以用交流电压表、交流电流表及功率表分别测量出元件两端的电压 U、流过该元件的电流 I 和它所消耗的功率 P，然后通过计算得到该电路的交流参数，这种方法称为三表法，是用以测量 50Hz 交流电路参数的基本方法。

有功功率定义为

$$P = UI\cos\varphi$$

其中，φ 为电压 U 与电流 I 之间的相角，$\cos\varphi$ 称为功率因数。

复阻抗的模为电压有效值与电流有效值之比，即 $|Z| = \dfrac{U}{I}$。

等效电阻 R 与有功功率 P 及电流有效值 I 之间的关系为 $R = \dfrac{P}{I^2} = |Z|\cos\varphi$。

等效电抗 X 与其他两个交流参数的关系为 $X = \sqrt{|Z|^2 - R^2} = |Z|\sin\varphi$，根据 $X = X_L = 2\pi fL$ 或 $X = X_C = \dfrac{1}{2\pi fC}$，可分别计算电容和电感的大小。

2. 阻抗性质的判别方法

元件的阻抗可能是感性的，也可能是容性的，但利用 U、I、P 的测量值或参数的计算公式还无法判断阻抗的性质。实际中常用以下三种方法决定阻抗性质。

1）被测元件两端并联一个试验电容

被测阻抗并联一个适当容量电容的电路如图 4－10－1（a）所示，Z 为待测定的元件，C'为试验电容器。若串接在电路中电流表的读数增大，则被测阻抗为容性，电流减小则为感性。（b）图是（a）图的等效电路，图中 G、B 为待测阻抗 Z 的电导和电纳，B' 为并联电容 C' 的电纳。在端电压有效值不变的条件下，按下面两种情况进行分析：

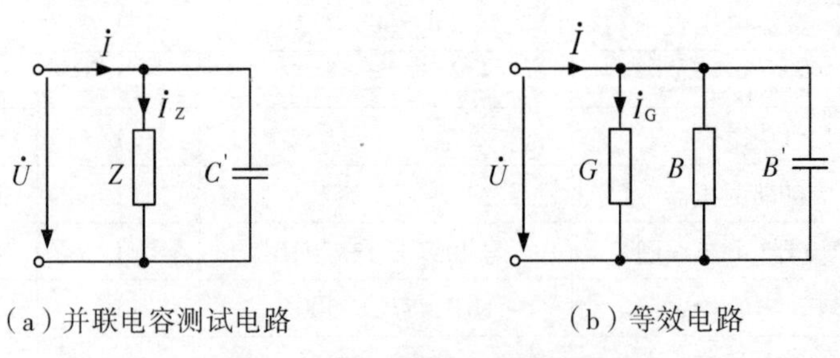

（a）并联电容测试电路　　（b）等效电路

图 4－10－1　并联电容测量法

（1）设 $B + B' = B''$，若 B'增大，B''也增大，则电路中电流 I 将单调上升，故可判断 B 为容性元件。

（2）设 $B + B' = B''$，若 B'增大，而 B''先减小而后再增大，电流 I 也是先减小后上升，如图 4－10－2 所示，则可判断 B 为感性元件。

由以上分析可见，B 为容性元件时，对并联电容 C' 无特殊要求；而当 B 为感性元件时，$B' < |2B|$ 才有判定为感性的意义。当 $B' > |2B|$ 时，电流单调上升，与 B 为容性时相同，并不能说明电路是感性的。因此 $B' < |2B|$ 是判断电路性质的可靠条件，由此得到判定条件为 $C' < \left|\frac{2B}{\omega}\right|$。

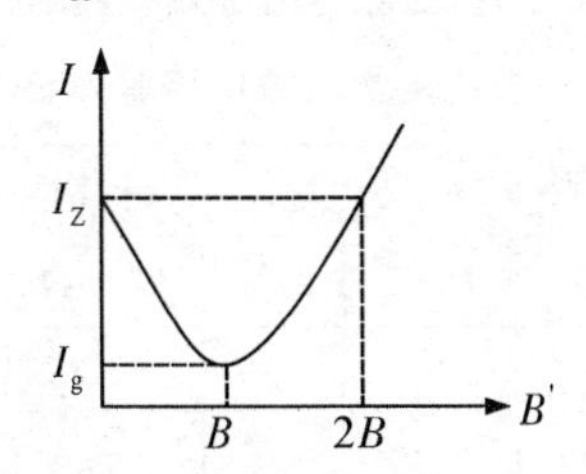

图4-10-2　阻抗性质的判断曲线图

2)被测元件串联一个试验电容

与被测元件串联一个适当容量的试验电容，若被测阻抗的端电压下降，则判为容性，端电压上升则为感性。试验电容的选取条件为 $\frac{1}{\omega C'} < |2X|$，式中 X 为被测阻抗的电抗值，C' 为串联试验电容值，此关系式可自行证明。

3)利用元件的电流 i 与电压 u 之间的相位关系来判断

电压电流之间的相位关系除了通过示波器观察外，也可采用功率因数表或相位表来测量 $\cos\varphi$ 和阻抗角，若读数超前，说明 i 超前于 u，则阻抗为容性；反之，若读数滞后，说明 i 滞后于 u，则阻抗为感性。

3. 功率表的使用方法

本实验所用的功率表为智能交流功率表，电流线圈接线端应与负载串联，其电压线圈接线端应与负载并联。当电压线圈靠近电源侧并联时称为前接法，当靠近负载侧并联时称为后接法。若采用后接法，并联线圈所消耗的功率也计入到功率表的读数之中，测量将会产生较大误差，所以一般采用前接法。

功率表的量程等于其电压量程和电流量程的乘积，因此一定要使电压量程大于被测电压，电流量程大于被测电流。

功率表具体使用方法参考本教材第3章3.3节功率表的相关描述。

五、实验内容与步骤

首先将自耦调压器输出电压调为0，并且关闭电源，按实验内容进行接线，然后打开电源，使调压器输出电压从0逐渐升高，确保电流表读数不超过其量程。

1. 三表法测量交流电路的等效参数

按图4-10-3所示电路进行接线，用三表法分别测量15W白炽灯(R)、40W日光灯镇流器(L)和4.7μF电容器(C)的等效参数，并将LC分别串联和并联后的测量数据记入表4-10-2中。

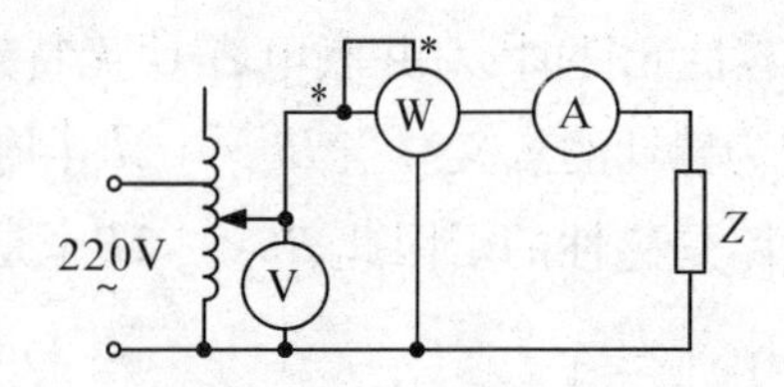

图 4-10-3　测量交流电路等效参数的实验电路图

表 4-10-2　三表法测量交流电路等效参数的实验数据

被测阻抗	测量值			计算值			电路等效参数		
	U/V	I/A	P/W	$\cos\varphi$	$\|Z\|$/Ω	X/Ω	R/Ω	L/mH	C/μF
15W 白炽灯 R									
电感线圈 L									
电容器 C									
L 与 C 串联									
L 与 C 并联									

2. 阻抗性质的判别

1)用串、并试验电容法判别阻抗性质

实验线路同图 4-10-3,但不必接功率表,按表 4-10-3 里的内容进行测量和记录。

表 4-10-3　串、并联电容法判别阻抗性质的实验数据

被测元件	串 1μF 电容		并 1μF 电容	
	串前端电压/V	串后端电压/V	并前电流/A	并后电流/A
R(三只 15W 白炽灯)				
C(4.7μF)				
L(1H)				

2)用元件的电流 i 与电压 u 之间的相位关系来判断阻抗性质

将步骤 1)中的 R、L、C 元件分别进行串联和并联作为被测阻抗,按图 4-10-4 接线,观察并记录 u、i(即 r 上的电压)的相位关系,表格自拟。

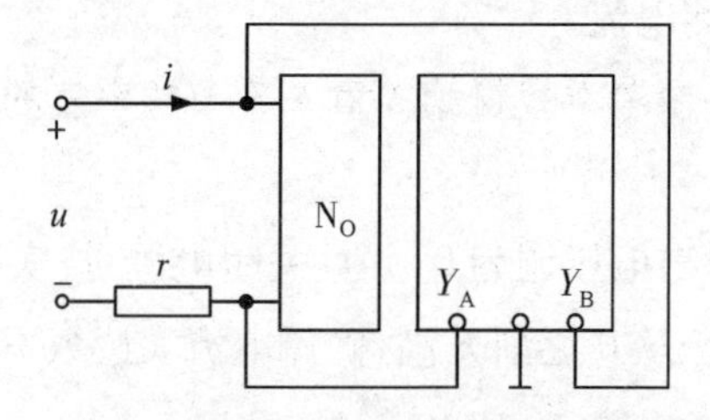

图 4-10-4　判断阻抗性质的实验电路图

六、实验注意事项

(1)本实验直接用市电 220V 交流电源供电,实验中要特别注意人身安全,不可用手直接触摸通电线路的裸露部分,以免触电。

(2)自耦调压器在接通电源前必须将调压器输出电压调为 0,并在电源断开的情况下接线。调节时,使其输出电压从零开始逐渐升高。每次改接实验线路前,都必须先将调压器慢慢调回零位,再断电源。必须严格遵守这一安全操作规程。

(3)实验前应详细阅读智能交流功率表的使用说明书,功率表不能单独使用,一定要有电压表和电流表的监测,使电压表读数和电流表读数乘积不超过功率表的量程。

七、实验报告

(1)根据实验数据,完成表 4-10-2 中的各项计算。

(2)根据图 4-10-4 的观察测量结果,分别作出等效电路图,计算出等效电路参数并判定负载的性质。

(3)分析功率表电压线圈前后接法对测量结果的影响。

(4)完成思考题。

4.11　日光灯电路及功率因数的提高

一、实验目的

(1)了解日光灯电路的工作原理,加深对交流电路的认识。

(2)理解功率因数提高的意义并掌握其方法。

(3)掌握功率因数表的正确使用。

二、预习与思考

(1)了解日光灯的工作原理,镇流器和启辉器的作用。

(2)复习正弦交流电路的有关内容,掌握提高感性负载功率因数的方法。

(3)并联电容器的电容值越大是否功率因数就越大,如何选择合适的电容?

(4)在日常生活中,当日光灯上缺少启辉器或启辉器发生故障时,人们应急时可用一根短导线将启辉器两点短接,启辉之后迅速拿开短导线,则日光灯可正常工作,这是为什么?

三、实验仪器设备

实验仪器设备如表 4-11-1 所示。

表 4-11-1　提高功率因数的实验仪器设备

序号	名　称	型号与规格	数量	备　注
1	交流电压表	0~500V	1	
2	交流电流表	0~5A	1	
3	功率表		1	DGJ-06-1
4	自耦调压器		1	

（续表）

序号	名　　称	型号与规格	数量	备　注
5	镇流器(电感线圈)	与40W日光灯配用	1	DGJ-04
6	电容器	1μF,4.7μF/500V	1	
7	白炽灯	15W/220V	3	

四、实验原理与说明

在工业生产与生活用电中的大多数负载如变压器、电动机、日光灯等都是感性负载,其自然功率因数都较低。这对电网的运行是不利的。

从图4-11-1电路的功率三角形可知：$\cos\varphi = P/S$。

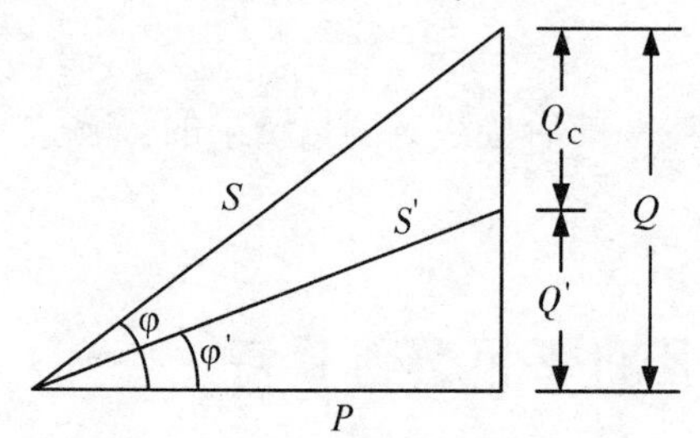

图4-11-1　电路的功率三角形

当负载功率因数低时,在维持负载有功功率不变的前提下所需电源容量大,如图4-11-1所示,说明电源效率低,又因为$S=UI$,在同样的有功功率下,电流大,从而线路的功率及电压损耗也大,降低了输电效率及电压质量。因此,要设法提高负载的功率因数。

1. 日光灯电路的工作原理

日光灯电路由灯管、镇流器和启辉器三部分组成,如图4-11-2所示。灯管是内壁涂有荧光粉的一根玻璃管,管两端各装有一组灯丝电极,用以发射电子氧化物,灯管内注入微量惰性气体和水银。镇流器是一个带铁芯的电感线圈,在电路中起限流、降压作用。启辉器俗称氖泡,在装有固定电极和可动电极的玻璃泡内充入氖气。可动电极由两种膨胀系数不同的弯曲金属片构成,通过金属片的变形与复位,使两种电极接通和分离。所以,启辉器在日光灯电路中,相当于一个自动开关。

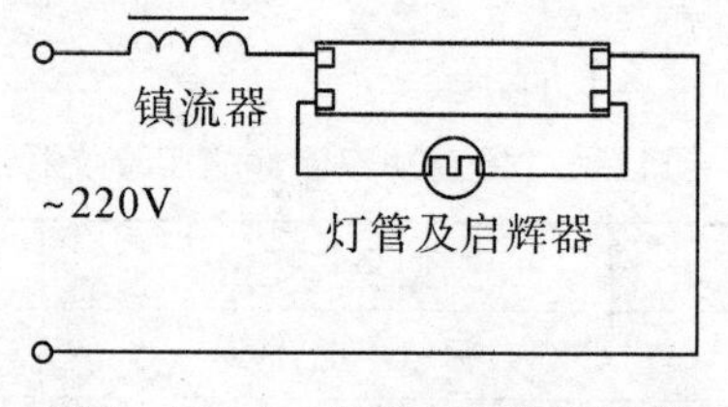

图4-11-2　日光灯电路的组成

日光灯电路的工作原理可分为三个阶段：

(1)当接通电源时,电源电压全部加在启辉器的两金属片间,使启辉器内发生辉光放电,双金属片受热弯曲,与固定电极接通。此时,电源通过镇流器、两组灯丝和启辉器形成了串联电路,电路中流过的电流将灯丝预热而发射电子,为日光灯启辉提供了条件。

(2)双金属片接触时,由于接触片之间没有电压,因此启辉器内辉光放电停止,双金属片冷却,又把触点断开,这时镇流器感应出的较高电压加在灯管两端使灯管放电,产生大量紫外线,灯管内壁的荧光粉吸收后辐射出可见的光,日光灯就开始工作。

(3)日光灯正常发光后,灯管两端电压低于电源电压的50%,此电压低于启辉器的工作电压,启辉器不再动作。

日光灯电路中串联着镇流器,除了感应高压使灯管放电外,在日光灯正常工作时,起限流的作用。镇流器是一个电感量较大的线圈,因而功率因数较低,约为0.5左右。欲提高功率因数,通常采用并联电容器的方法。

2. 功率因数的提高

感性负载通过并联电容的方法可以提高功率因数,如图4-11-3(a)。从并联电容后电路的相量图看(图4-11-3(b)),由于电容支路的容性电流 I_C 超前 U 90°,补偿了原负载支路中的电流 I_L 的无功电流分量,使电路总电流减小,从而提高了电路的功率因数。改变电容 C,可使总电流变化为最小,此时电路呈现电阻性。但如果电容量增加过多,负载将会变为容性的,总电流又将增大,所以并联电容应有个适当的数值。

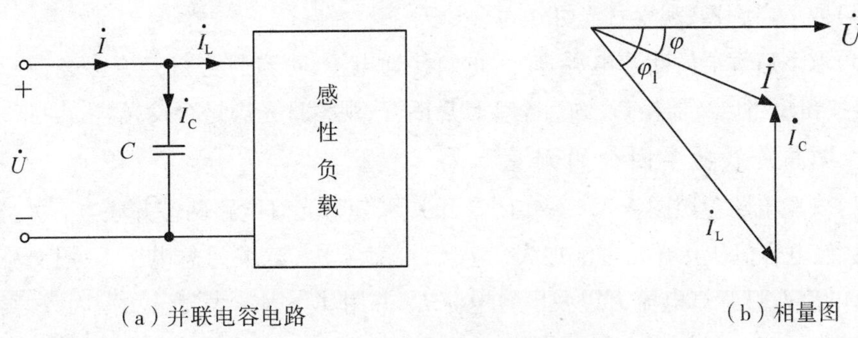

(a)并联电容电路　　(b)相量图

图4-11-3　提高功率因数的措施

测量日光灯电路的功率因数表接线参照图3-3-2功率表的接线方法,其电流回路引出线应与负载串联,其电压回路引出线则应与负载并联。其中标有 * 号端,称为同名端,接线时应将这两端连在一起。使用时,为减小测量误差,对高阻抗负载,由于电压线圈支路分流影响较大,电压线圈应前接;对低阻抗负载,电流线圈上压降影响较大,电压线圈应后接。

五、实验内容与步骤

1. 日光灯电路的接线及测量

(1)在无电的情况下连接日光灯电路,实验电路如图4-11-4所示,先将开关S断开不接补偿电容(即 $C=0$)。

(2)检查无误后接通电源,将电源屏上双向开关扳向"实验"位置,调节电源屏输出电压从0开始缓慢增加,直至日光灯刚启辉点亮为止,观察日光灯的启辉过程,并测定日光灯刚启辉时的电路端电压U,总电流I,镇流器两端电压U_L,灯管两端电压U_R,采用功率因数表测量功率因数,实验数据记入表4-11-2中。

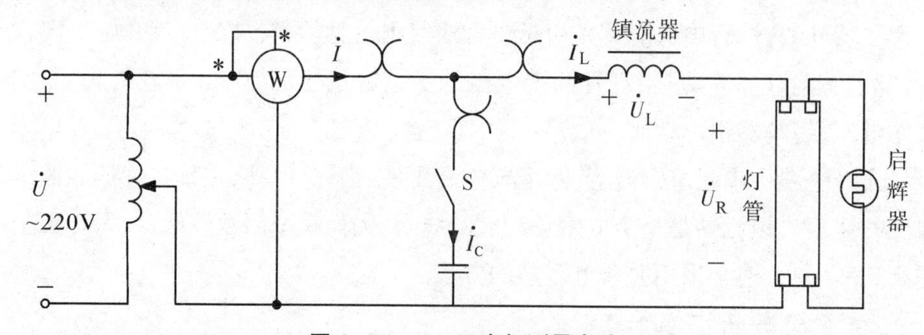

图4-11-4　日光灯测量电路

表4-11-2　日光灯电路的测量结果

条件	U/V	I/A	U_L/V	U_R/V	$\cos\varphi$
刚启辉时					
正常工作时					

(3)将电压调至220V,使日光灯正常工作,测量表4-11-2中各值,并记入表中。

(4)取下启辉器,观察日光灯是否会熄灭。

(5)取下启辉器后断开电源,然后重新接通电源,观察日光灯是否会亮,若不亮,用短接按钮短路启辉器接口,约1至2秒后断开,观察日光灯是否发光。

2.提高负载功率因数的测量

(1)实验电路参照图4-11-4,闭合开关S,使日光灯电路两端并联电容C。改变电容值,使电容值从0开始逐渐加大到7μF,用交流电压表测量总电压U,用交流电流表测总电流I,灯管灯电流I_L以及电容电流I_C,并用功率因数表测量功率因数,实验数据记入表4-11-3中。

(2)绘出$I=f(c)$的曲线。

表4-11-3　提高功率因数的实验结果

电容/uF	总电压U/V	总电流I_0/A	I_L/A	I_C/A	$\cos\varphi$
0					
0.5					
1.0					
1.5					
2.0					

（续表）

电容/uF	总电压 U/V	总电流 I_0/A	I_L/A	I_C/A	$\cos\varphi$
…					
6.5					
7					

六、实验注意事项

(1)本实验用市电220V,务必注意用电和人身安全。实验操作应严格按照先断电,后接线(拆线),经检查,再通电的安全操作规范进行。

(2)电源屏的电源调节开关应该选择在单相调节的位置,输出电压从0开始调起,一直到日光灯点亮。

(3)注意功率因数表的接线,电压线圈与电流线圈的同名端必须接在一起。

(4)每次更改电容值时,先将各电流、电压表切换到最大挡,防止冲击电流过大,产生误报警。(注意:具体读数时,应选择合适的量程。)

(5)并联电容取0值时,只要断开电容的连线即可,千万不能两线短接,这会导致电源短路。

七、实验报告

(1)根据表4-11-2的实验结果,画出日光灯电路正常工作时的电压相量图。

(2)根据表4-11-3的实验结果,分别画出功率因数$\cos\varphi$与电容C的关系曲线,以及总电流I和电容C的关系曲线,并根据并联电路相量图,解释该曲线的变化规律,说明I极值出现在cos=? 处。

(3)回答预习思考题。

4.12　互感与变压器的测量

一、实验目的

(1)掌握测定互感电路同名端的方法。

(2)熟悉两个线圈之间的互感系数、耦合系数的测量方法。

(3)理解两个线圈相对位置的改变,以及用不同材料作线圈芯时对互感的影响。

(4)学习测绘变压器空载特性和外特性曲线。

二、预习与思考

(1)什么是互感?同名端的定义、作用及判断方法是什么?

(2)熟悉互感系数的测量原理和方法。

(3)互感系数与交流信号的频率f有怎样的函数关系?

(4)用直流法判断同名端时,如何由S断开瞬间毫安表指针的正、反偏来判断同名端?

(5)了解实际铁芯变压器与理想变压器的区别。

(6)为什么本实验将低压绕组作为原边进行通电实验?在实验中应注意什么问题?

三、实验仪器设备

实验仪器设备如表4-12-1所示。

表4-12-1 电路元件伏安特性的实验仪器设备

序号	名　称	型号与规格	数量	备注
1	数字直流电压表	0~300V	1	
2	数字直流电流表	0~500mV	2	
3	交流电压表	0~500V	1	
4	交流电流表	0~5A	1	
5	空心互感线圈	N_1为大线圈 N_2为小线圈	1对	DGJ-04
6	自耦调压器		1	
7	直流稳压电源	0~30V	1	
8	电阻器	30Ω/8W 510Ω/8W	各1	
9	白炽灯	220V/15W	3	
10	铁棒、铝棒		各1	
11	变压器	36V/220V,15W	1	DGJ-04

四、实验原理与说明

1.判断互感线圈同名端的方法

1)直流法

同名端可以通过实验方法测定,其测试电路如图4-12-1所示,虚线框内为一组待测互感线圈,其中一个线圈通过开关S连接直流电源,另一线圈连接直流毫安表。当开关S闭合瞬间,有随时间增大的电流从电源正极流入与之相连的线圈,若此时毫安表的指针正偏,则可判定与电源正极连接的端钮和毫安表正极连接端钮为同名端,即“1”“3”为同名端;反之,若指针反偏,则判定“1”“4”为同名端。

2)交流法

互感电路同名端也可利用交流电来测量,如图4-12-2所示,将两个绕组N_1和N_2的任意两端(如2、4端)连在一起,在其中的一个绕组(如N_1)两端加一个低电压,另一绕组(如N_2)开路,用交流电压表分别测出端电压U_{13}、U_{12}和U_{34}。若U_{13}是两个绕组端电压之差，即 $U_{13}=U_{12}-U_{34}$，则1、3是同名端；若 U_{13} 是两绕组端电压之和，即 $U_{13}=U_{12}+U_{34}$，则1、4是同名端。

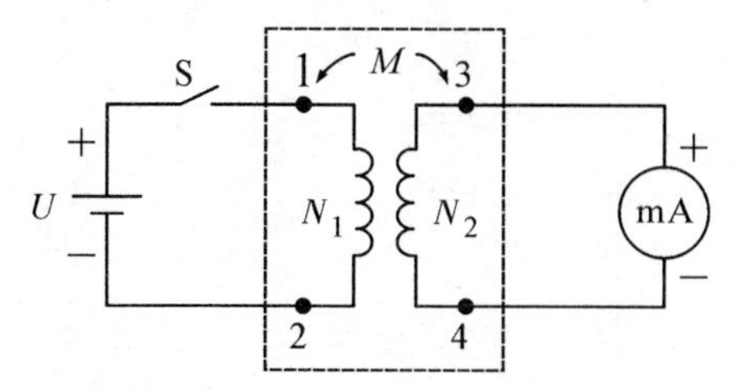

图4－12－1 同名端的直流法测定

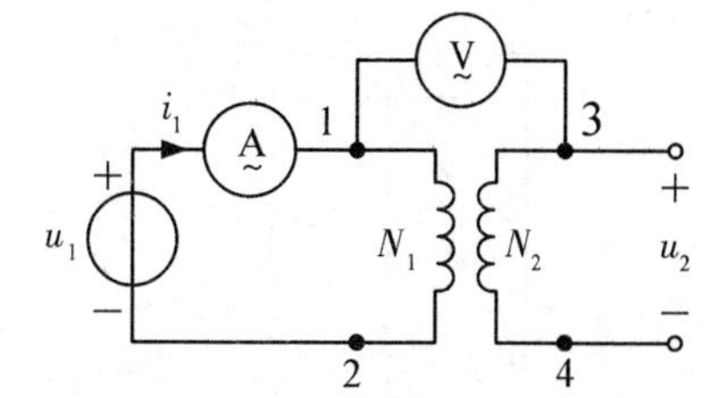

图4－12－2 同名端的交流法测定

2. 互感系数和耦合系数的测定

1）互感系数 M 的测定

在图4－12－2的 N_1 侧施加低压交流电压 U_1，线圈 N_2 开路，测出电流 I_1 及开路电压 U_2。根据互感电势 $E_{2M}\approx U_2=\omega M_{21}I_1$，可算得互感系数为 $M_{21}=U_2/\omega I_1$。同理，根据以上方法也可得到互感系数 $M_{12}=U_1/\omega I_2$。可以证明 $M_{12}=M_{21}$。

2）自感系数 L 及耦合系数 K 的测定

如图4－12－2所示，用万用表先测得线圈 N_1、N_2 的电阻 R_1 和 R_2，再在 N_1 侧加低压交流电压 U_1，可测出 N_2 侧开路时的电流 I_1，根 $\sqrt{R^2+(\omega L_1)^2}=\dfrac{U_1}{I_1}$，则可求出自感系数 L_1；同理，在 N_2 侧加电压 U_2，测出 N_1 侧开路时的电流 I_2，根据 $\sqrt{R^2+(\omega L_2)^2}=\dfrac{U_2}{I_2}$，可求出自感系数 L_2。

两个互感线圈耦合松紧的程度可用耦合系数 K 来表示，即

$$K=M/\sqrt{L_1L_2}$$

3. 变压器空载特性的测试

铁芯变压器是一个非线性元器件，当副边开路（即空载）时，原边电压 U_1 和电流 I_1 之间的关系是 $U_1=f(I_1)$，称为变压器的空载特性曲线，如图4－12－3所示，空载特性曲线可以反映变压器磁路的工作状态，这与铁芯的磁化曲线（$B\sim H$）是一致的。当空载电压等于额定电压时，工作点位于空载特性曲线A点，磁路接近饱和处于最佳状态。工作点过低，如B点，说明空载电流很小，磁路远离饱和状态；反之，工作点过高，如C点，空载电流太大，磁路处于饱和状态，将使变压器过热而寿命缩短，严重时甚至会烧毁变压器。

4. 变压器外特性的测试

变压器的外特性是指在保持变压器原边电源电压 U_1 一定、负载功率因数 $\cos\varphi_2$ 不变的情况下，变压器副边输出电压随负载的变化情况，即副边电压 U_2 与电流 I_2 之间的关系曲线 $U_2=f(I_2)$，变压器的外特性是一条水平线，实际铁芯变压器并非是理想的，

如图4－12－4所示，当负载增加时，其外特性将向下有一定的倾斜。

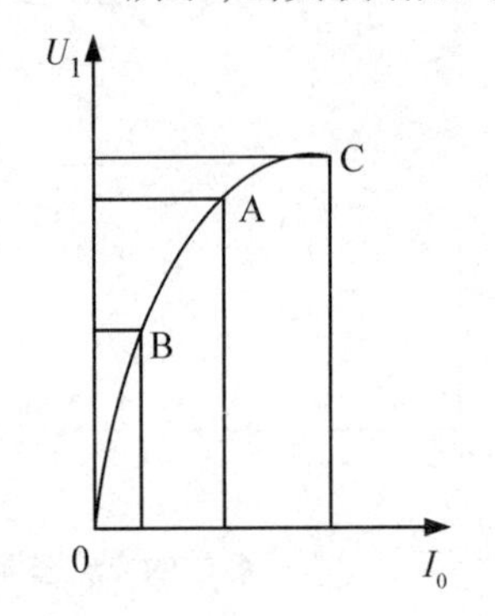

图4－12－3　变压器空载特性曲线

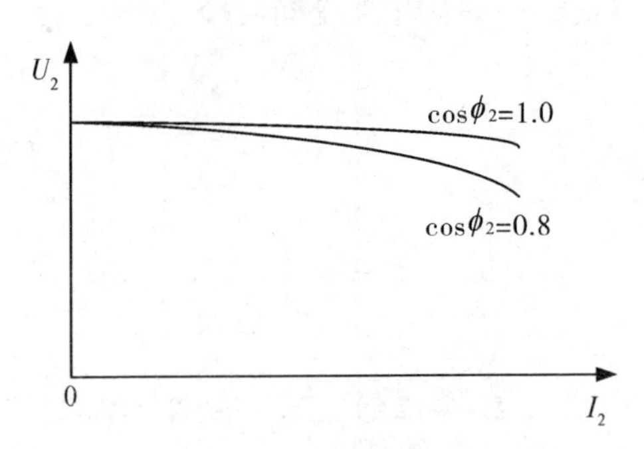

图4－12－4　变压器的外特性曲线

五、实验内容与步骤

1. 直流法和交流法测定互感线圈的同名端

1）直流法

将两个线圈N_1和N_2同心地套在一起，并插入铁芯，四个接线端子分别编以1、2和3、4号，按图4－12－1组成实验电路。直流稳压电源U调至10V，N_2侧直接接入2mA量程的毫安表，观察开关S闭合瞬间毫安表显示读数的符号或指针偏转方向，判断线圈同名端。

2）交流法

根据图4－12－2所示电路，将2、4相接，使自耦调压器调至零位，然后接通交流电源，令自耦调压器输出一个很低的电压（约2V左右），并用交流电压表测量U_{13}，U_{12}，U_{34}，判定同名端。同理，拆去2、4联线，将2、3相接，重复上述步骤，判定同名端。

2. 自感系数L、互感系数M及耦合系数K的测量

（1）断开电源，按图4－12－2接线，在N_1侧加一个约2V的正弦低电压，令N_2侧开路，测量U_1、I_1及U_2；反之，将低压交流加在N_2侧，N_1侧开路，测量U_2、I_2及U_1，并将两组测量数据记入表4－12－2中，计算出M。

（2）用万用表的R×1挡分别测出N_1和N_2线圈的电阻值R_1和R_2，计算两线圈电感L_1和L_2，及耦合系数K值，计算结果填入表4－12－2中。

表4－12－2　自感系数、互感系数及耦合系数的测量结果

条件	测量值					计算值		
	U_1/V	I_1/A	U_2/V	I_2/A	R/Ω	M/mH	L/mH	K
原边加电压，副边开路（L_1，R_1）								
副边加电压，原边开路（L_2，R_2）								

3. 观察互感现象

在图4－12－2所示电路的N_2侧接入交流电压表，调节自耦调压器输出约2V的电压。

(1)将铁棒慢慢地从两线圈中抽出和插入，观察交流电压表读数的变化，记录现象。

(2)将两线圈改为并排放置，并改变其间距，分别或同时插入铁棒，观察仪表读数。

(3)改用铝棒替代铁棒，重复(1)、(2)的步骤，观察交流电压表的变化，记录现象。

4. 变压器空载实验

(1)用交流法判别变压器绕组的同名端(判别方法同实验内容1交流法测定互感线圈的同名端)。

(2)按图4－12－5线路接线，AX为变压器低压绕组，ax为变压器高压绕组，将负载Z_L开路(即空载)，确认自耦调压器输出电压为0时合上电源，并调节调压器，使U_1从零逐渐上升到1.2倍的额定电压(1.2×36V)，逐点测量对应的U_1、U_2和I_1，将数据记入表4－12－3中，并用U_1和I_1绘制变压器的空载特性曲线。

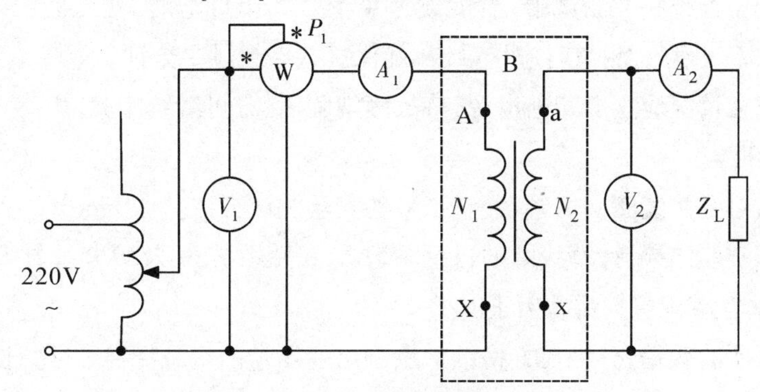

图4－12－5　变压器测量电路

表4－12－3　变压器空载特性的测量数据

U_1/V 测量值	0	5	10	14	19	24	29	33	38	43
U_2/V										
I_1/A										

5. 变压器外特性测试

如图4－12－5所示，在电源切断的情况下，自耦调压器接低压绕组，高压绕组接“220V/15W”的灯组负载Z_L(由3只灯泡并联而得)。

将调压器置于输出电压为零的位置，合上电源开关，并调节调压器，使其输出电压为36V。令负载开路及逐次增加负载(最多亮5个灯泡)，分别测量高压侧的电压U_2

和电流 I_2，测量数据记入表 4－12－4，并绘制变压器外特性曲线。实验完毕将调压器调回零位，切断电源。

表 4－12－4　变压器空载特性的测量数据

并联灯泡个数 / 测量值	负载开路	1 个	2 个	3 个	4 个	5 个
U_2/V						
I_2/A						

六、实验注意事项

(1)在合上和切断电源前，首先要检查自耦调压器，确保手柄置在零位。

(2)测定同名端及其他测量数据的实验中，都应将小线圈 N_2 套在大线圈 N_1 中，并插入铁芯。

(3)因互感实验时加在 N_1 上的电压只有 2～3V 左右，因此调节时要特别仔细，要随时观察电流表的读数，使线圈 N_1 流过的电流不得超过 1.4A，流过线圈 N_2 的电流不得超过 1A。

(4)在变压器外特性测试中，当负载为 4 个及 5 个灯泡时，变压器已处于超载状态，很容易烧坏。因此，测量时应尽量快，确保总共不超过 3 分钟。

(5)遇异常情况应立即切断电源，待故障清除后，方可继续实验。

七、实验报告

(1)总结对互感线圈同名端、互感系数的实验测试方法。

(2)根据实验结果，计算线圈的自感系数 L、互感系数 M 及耦合系数 K，并解释实验中观察到的互感现象与哪些因素有关。

(3)根据实验数据，分别在方格纸上绘制出变压器的空载特性和外特性曲线。

4.13　R、L、C 串联谐振电路的研究

一、实验目的

(1)观察串联电路谐振现象，加深对其谐振条件和特点的理解。

(2)掌握谐振电路谐振频率、带宽及 Q 值的测量方法。

(3)学会测定谐振电路的频率特性曲线，分析电路参数对电路谐振特性的影响。

二、预习与思考

(1)复习串联谐振的理论知识，了解 R、L、C 串联谐振电路的特点。

(2)根据实验电路给出的元件参数值，估算电路的谐振频率。

(3)改变哪些参数可以使电路发生谐振，电路中 R 的数值是否影响谐振频率值？

(4)电路发生串联谐振时，为什么输入电压不能太大，如果信号源给出 3V 的电

压，电路谐振时，用交流毫伏表测 U_L 和 U_C，应该选择用多大的量限？

（5）要提高 R、L、C 串联电路的品质因数 Q，电路参数应如何改变？

（6）本实验在 R、L、C 串联电路发生谐振时，输出电压 U_o 与输入电压 U_i 是否相等？对应的 U_L 与 U_C 是否相等？如有差异，分析其原因。

三、实验仪器设备

实验仪器设备如表 4－13－1 所示。

表 4－13－1　R、L、C 谐振电路的实验仪器设备

序号	名　称	型号与规格	数量	备注
1	低频函数信号发生器		1	
2	交流毫伏表	0～600V	1	
3	双踪示波器		1	自备
4	频率计		1	
5	谐振电路实验电路板	$R=200\Omega, 1\text{k}\Omega$ $C=0.01\mu\text{F}, 0.1\mu\text{F}$, $L\approx 30\text{mH}$		DGJ－03

四、实验原理与说明

1. R、L、C 串联谐振电路的频率特性

在图 4－13－1 所示的 R、L、C 串联电路中，当正弦交流信号源的频率 f 改变时，电路中的感抗、容抗随之变化，电路中的电流也随 f 而变。取电阻 R 上的电压 u_o 作为响应，则该电路输出电压 $\dot{U}_o$ 与输入电压 $\dot{U}_i$ 之比为

$$\frac{\dot{U}_o}{\dot{U}_i}=\frac{R}{R+\mathrm{j}\left(\omega L-\frac{1}{\omega C}\right)}$$

$$\begin{cases}\dfrac{U_o}{U_i}=\dfrac{R}{\sqrt{R^2+\left(\omega L-\frac{1}{\omega C}\right)^2}}\\[2ex]\varphi(\omega)=\arctan\dfrac{\omega L-\frac{1}{\omega C}}{R}\end{cases}$$

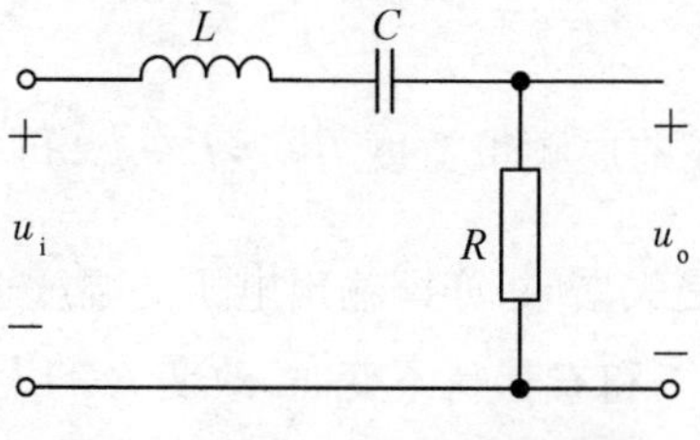

L C
\+ \+
u_i R u_o
− −

图 4－13－1　R、L、C 串联电路

当输入电压 $\dot{U}_i$ 的幅值维持不变时，在不同频率的信号激励下，测出 U_o 值，然后以 f 为横坐标，以 U_o/U_i 为纵坐标（因 U_i 不变，故也可直接以 U_o 为纵坐标），绘出光滑的曲线，此即为幅频特性曲线，亦称谐振曲线，如图 4－13－2(a)所示。电路输出电压与输入电压的振幅比随 ω 变化的性质，即信号源 $\dot{U}_o$ 与 $\dot{U}$ 的相位差 φ_ω，称为该网络的相频特性，如图 4－13－2(b)所示。

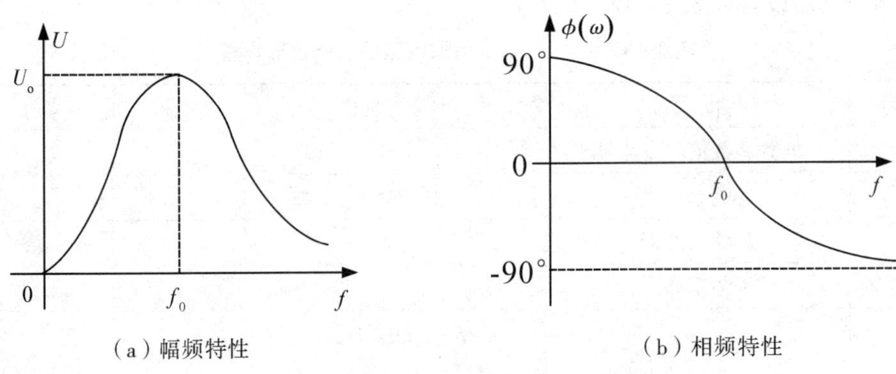

（a）幅频特性　　（b）相频特性

图 4－13－2　R、L、C 串联电路的频率特性

2. 谐振频率的测量

在 $f=f_0=\dfrac{1}{2\pi\sqrt{LC}}$ 处，即幅频特性曲线尖峰所在的频率点称为谐振频率。此时 $X_L=X_C$，电路呈纯阻性，电路阻抗的模为最小。在输入电压 U_i 为定值时，电路中的电流达到最大值，且与输入电压 u_i 同相位。

电路谐振频率 f_0 的测量方法，可以将毫伏表接在输出端，维持信号源的输出幅度不变，令其频率由小逐渐变大，当输出电压 U_o 的读数为最大时，读得频率计上的频率值即为电路的谐振频率 f_0。

3. 品质因数的测量

电路发生谐振时，电感或电容两端电压与输入电压之比可以用品质因数 Q 表示，此时满足 $U_i=U_R=U_o$，$U_L=U_C=QU_i$。

品质因数 Q 可以通过以下两种方法来测量：

(1)根据公式 $Q=\dfrac{U_L}{U_o}=\dfrac{U_C}{U_o}$ 测定，U_C 与 U_L 分别为谐振时电容器 C 和电感 L 上的电压。

(2)通过测量谐振曲线的通频带宽度 $BW=f_2-f_1$，再根据 $Q=\dfrac{f_0}{f_H-f_L}$ 求出 Q 值。式中 f_0 为谐振频率，f_H 和 f_L 是失谐时，亦即输出电压的幅度下降到最大值的 $1/\sqrt{2}$ 倍时的上、下频率点。当电路的 L 和 C 保持不变时，改变 R 的大小，可以得到不同的 Q 值。如图 4－13－3 所示，Q 值越大，曲线越尖锐，通频带越窄，电路的选择性越好。在恒压源供电时,电路的品质因数、选择性与通频带只决定于电路本身的参数,而与信号源无关。

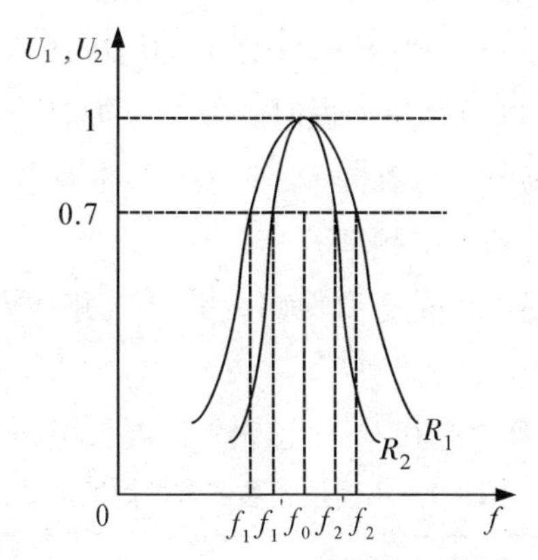

图 4-13-3　R、L、C 串联电路的通频带

五、实验内容与步骤

按图 4-13-4 所示组成监视、测量电路,用交流毫伏表测电压,用示波器监视信号源输出。

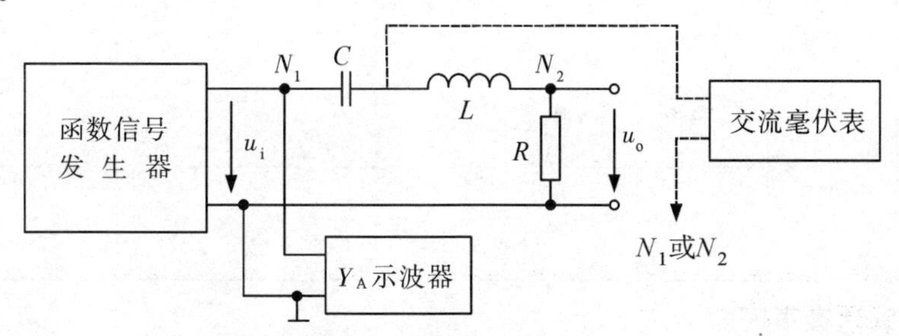

图 4-13-4　R、L、C 串联电路

1. 测定 R、L、C 串联电路的谐振特性

(1)令信号源输出电压 $U_i = 3V_{P-P}$,并保持不变。选用参数为 $R = 200\Omega$,$C = 0.01\mu F$,$L = 30mH$ 的元件接入电路,调节信号源频率,用示波器观察输出电压 U_o 的变化规律,找到使 U_o达到最大值的频率,即谐振频率 f_0,将该频率填入表 4-13-2 的中间位置。

表 4-13-2　R、L、C 串联电路谐振特性的测量结果

f/kHz					f_0 =				
U_O/V									
U_L/V									
U_C/V									
φ/(°)									

(2)维持信号源电压幅值不变,并在谐振点两侧,按频率递增或递减 500Hz 或 1kHz,依次取 8 个测量点,用交流毫伏表或示波器逐点测出 U_o,U_L,U_C之值,相频特性

用示波器可测得,数据记入表4－13－2中。

2. 电路参数对谐振特性的影响

(1)令 $U_i=1V_{P-P}$,$L=30mH$,当 $R=200\Omega$,$C=0.01\mu F$ 时,根据实验内容1的步骤先确定电路的谐振频率 f_0,同时测量谐振时的 U_o,U_L,U_C 和相位差 φ。

(2)在谐振频率两侧调节信号源频率,使电阻上的输出电压 $U_o=0.707U_i$,在表4－13－3中记入下限频率 f_L 和上限频率 f_H。

(3)分别改变元件参数,再重复步骤(1)和(2),并将测量数据填入表4－13－3中。

(4)根据所测数据,计算 BW 和 Q,比较三种情况下电路的谐振特性。

表4－13－3　不同电路参数谐振时的测量结果

元件参数	测量值						计算值	
	f_0/kHz	U_O/V	U_L/V	U_C/V	f_L/kHz	f_H/kHz	BW	Q
$R=200\Omega$,$C=0.01\mu F$								
$R=1000\Omega$,$C=0.01\mu F$								
$R=200\Omega$,$C=0.1\mu F$								

六、实验注意事项

(1)测试幅频特性曲线时,应在靠近谐振频率附近多取几点,可以使曲线更精确。

(2)信号发生器的输出电压大小可能随频率改变而变化,因此在变换频率测试前,应调整信号输出幅度(用示波器监视输出幅度),使其维持不变。

(3)在串联谐振电路中,电感电压和电容电压是输入电压的 Q 倍,因此在测量 U_C 和 U_L 数值前,应将毫伏表的量程改大,毫伏表的"+"端接 C 与 L 的公共点。

(4)在测量输出电压与输入电压之间的相位差时,一定要注意公共端的选取。

七、实验报告

(1)根据测量数据,分别绘出不同 Q 值时三条幅频特性曲线和相频特性曲线。

(2)计算出通频带 BW 与品质因数 Q 值,说明不同 R 值时对电路通频带与品质因数的影响。

(3)对两种不同的测 Q 值的方法进行比较,分析误差原因。

(4)谐振时,比较输出电压 U_o 与输入电压 U_i 是否相等?试分析原因。

(5)根据本次实验,总结、归纳串联谐振电路的特性。

4.14　三相电路的测量

一、实验目的

(1)掌握三相负载作星形连接、三角形连接的方法，验证这两种接法时的线、相电压及线、相电流之间的关系。

(2)比较三相三线制和三相四线制这两种供电方式的特点,理解三相四线供电系统中中线的作用及中性点位移现象。

(3)掌握用一瓦特表法、二瓦特表法测量三相电路有功功率与无功功率的方法。

二、预习与思考

(1)了解三相负载星形及三角形连接的线电压和相电压、线电流和相电流间的关系。

(2)三相负载根据什么条件作星形或三角形连接？本次实验中为什么要将380V的市电线电压降为220V的线电压使用?

(3)中线的作用是什么？什么情况下可以省略？试分析三相星形连接不对称负载在无中线情况下,当某相负载开路或短路时会出现什么情况?

(4)复习二瓦特表法测量三相电路有功功率的原理。测量时,为什么要将功率表电压线圈和电流线圈的同名端接一起？如若不接,是否会影响功率的测量?

三、实验仪器设备

实验仪器设备如表4－14－1所示。

表4－14－1　三相电路的实验仪器设备

序号	名　称	型号与规格	数量	备注
1	交流电压表	0～500V	2	
2	交流电流表	0～5A	2	
3	单相功率表		2	DGJ－06－1
4	万用表		1	自备
5	三相自耦调压器		1	
6	三相灯组负载	220V,15W白炽灯	9	DGJ－04
7	三相电容负载	1μF,2.2μF,4.7μF/500V	各3	DGJ－05
8	电门插座		3	

四、实验原理与说明

1.三相负载的星形连接

(1)对称Y形负载。当三相对称负载作Y形连接时,线电压U_L是相电压U_P的$\sqrt{3}$

倍,线电压超前相电压 30°。线电流 I_L 等于相电流 I_P,即

$$U_L = \sqrt{3}U_p, \qquad I_L = I_p$$

在这种情况下,流过中线的电流 $I_o = 0$,所以可以省去中线。

(2)不对称 Y 形负载。不对称三相负载作 Y 连接时,必须采用三相四线制接法(Y_o接法),即有中线,且中线必须牢固连接,以保证三相不对称负载的每相电压维持对称不变。

倘若中线断开,将产生负载的中性点位移,从而导致三相负载电压的不对称,负载轻的那一相的相电压过高,使负载遭受损坏;负载重的一相相电压又过低,使负载不能正常工作。

2. 三相负载的三角形连接

(1)对称△形负载。当三相对称负载作△形连接时,线电压等于相电压,即 $U_L = U_P$,线电流的有效值是相电流有效值的 $\sqrt{3}$ 倍,即 $I_L = \sqrt{3}I_P$,线电流滞后相电流 30°。

(2)不对称△形负载。当不对称负载作△形连接时,$I_L \neq \sqrt{3}I_P$,但只要电源的线电压 U_L 对称,加在三相负载上的电压仍是对称的,对各相负载工作没有影响。

3. 三相电路功率的测量

(1)一瓦特表法测有功功率。对于三相四线制供电的三相星形连接的负载,可用一只功率表测量各相的有功功率 P_A、P_B、P_C,则三相负载的总有功功率 $\Sigma P = P_A + P_B + P_C$。这就是一瓦特表法,如 4-14-1(a)所示。若三相负载是对称的,则只需测量一相的功率,再乘以 3 即得三相总的有功功率。

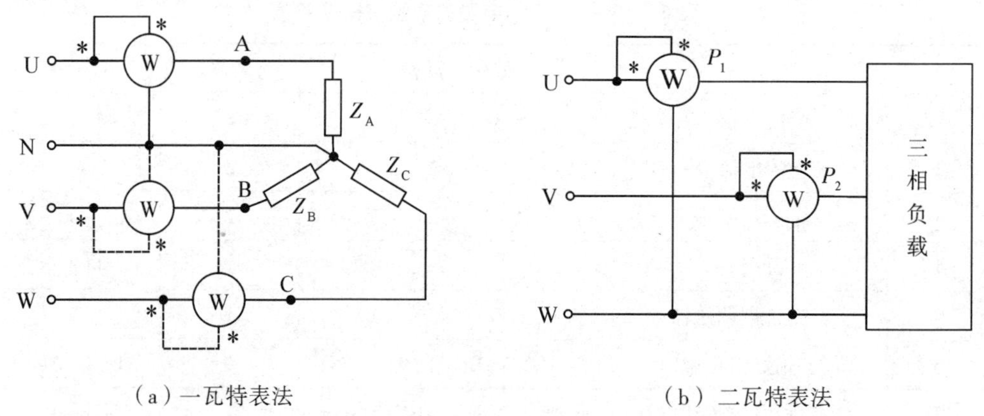

(a)一瓦特表法　　(b)二瓦特表法

图 4-14-1　三相电路功率测量法

(2)二瓦特表法测有功功率。三相三线制供电系统中,不论三相负载是否对称,也不论负载是 Y 接还是△接,都可用二瓦特表法测量三相负载的总有功功率。测量线路如图 4-14-1(b)所示,若负载为感性或容性,且当相位差 $\varphi > 60°$时,线路中的一只功率表指针将反偏(数字式功率表将出现负读数),这时应将功率表电流线圈的

两个端子调换(不能调换电压线圈端子),其读数应记为负值。而三相总功率$\sum P = P_1 + P_2$(P_1、P_2本身不含任何意义)。

除图4-14-1(b)的I_A、U_{AC}与I_B、U_{BC}接法外,还有I_B、U_{AB}与I_C、U_{AC}以及I_A、U_{AB}与I_C、U_{BC}两种接法。

(3)无功功率的测量。对于三相三线制供电的三相对称负载,可用一瓦特表法测得三相负载的总无功功率Q,测试原理线路如图4-14-2所示。图示功率表读数的$\sqrt{3}$倍,即为对称三相电路总的无功功率。除了此图给出的一种连接法(I_U、U_{VW})外,还有另外两种连接法,即接成(I_V、U_{UW})或(I_W、U_{UV})。

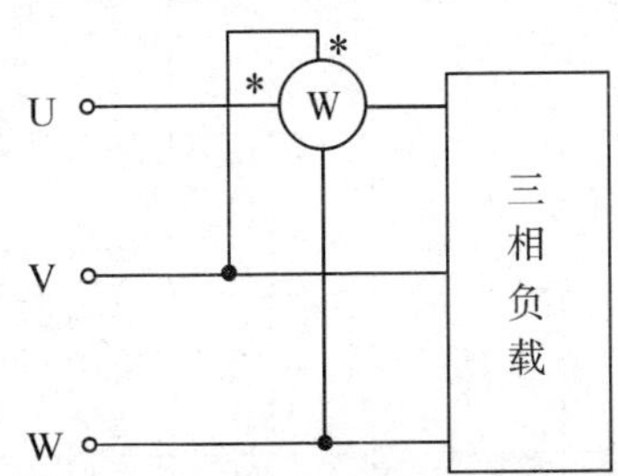

图4-14-2　无功功率的测量电路

五、实验内容与步骤

1. Y形负载电路的电压、电流的测量(三相四线制供电)

按图4-14-3所示线路组接实验电路,即三相灯组负载经三相自耦调压器接通三相对称电源,将三相调压器的旋柄置于输出为0的位置(即逆时针旋到底)。经指导教师检查合格后,方可开启实验台电源,并调节调压器的输出,使输出的三相线电压为220V。参照表4-14-2的实验内容完成各项实验,分别测量三相负载的线电压、相电压、线电流、相电流、中线电流、电源与负载中点间的电压,将所测得的数据记入表中,并观察各相灯组亮暗的变化程度,特别要注意观察中线的作用。

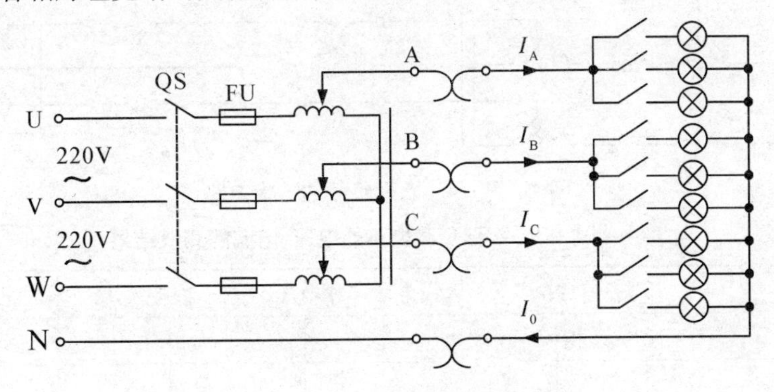

图4-14-3　Y形负载的三相电路

表 4-14-2　Y 形负载电路的电压、电流的测量结果

测量条件		开灯盏数			线电流/A			线电压/V			相电压/V			中线电流 I_0/A	中点电压 U_{N0}/V
		A相	B相	C相	I_A	I_B	I_C	U_{AB}	U_{BC}	U_{CA}	U_{A0}	U_{B0}	U_{C0}		
Y_o接法	负载对称	3	3	3											
	负载不对称	1	2	3											
	B相断开	1		3											
Y接法	负载对称	3	3	3											
	负载不对称	1	2	3											
	B相断开	1	∞	3											
	B相短路	1	0	3											

2. △形负载电路的电压、电流的测量(三相三线制供电)

按图 4-14-4 改接线路,经指导教师检查合格后接通三相电源,并调节调压器,使其输出线电压为 220V,并按表 4-14-3 中的内容,分别测量负载对称和不对称两种情况下的线电压、相电压、线电流和相电流,并观察两种情况下各相灯组亮暗的变化情况。

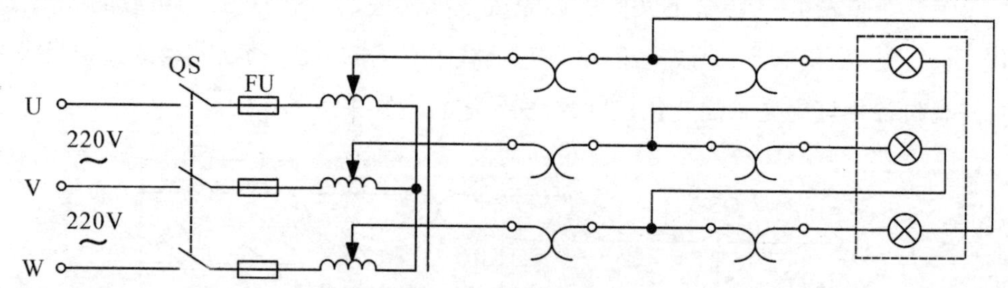

图 4-14-4　△形负载的三相电路

表 4-14-3　△形负载电路的电压、电流的测量结果

测量条件	开灯盏数			线电压=相电压/V			线电流/A			相电流/A		
	A-B相	B-C相	C-A相	U_{AB}	U_{BC}	U_{CA}	I_A	I_B	I_C	I_{AB}	I_{BC}	I_{CA}
负载对称	3	3	3									
负载不对称	1	2	3									

3. 三相电路功率的测量

(1)在电源断开的情况下，将三相灯组负载按 Y_0 接线，经指导教师检查后，接通三相电源，调节调压器输出，使输出线电压为220V。用一瓦特表法分别测定负载对称和不对称两种情况下的三相功率，并计算 Y_0 接负载的总功率 ΣP。

实验按图4-14-5所示将三只表接入B相进行测量，然后分别将三只表换接到A相和C相，再进行测量，测量数据记入表4-14-4中。线路中的电流表和电压表用以监视该相的电流和电压，不要超过功率表电压和电流的量程。

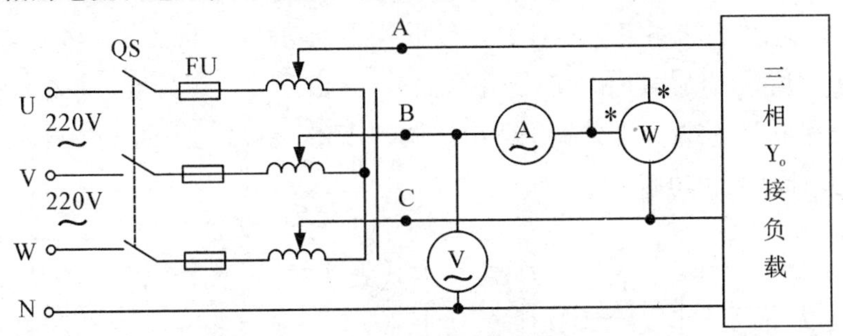

图4-14-5　一瓦特表法测量三相功率电路图

(2)在电源断开的情况下，将三相灯组负载按图4-14-6所示的Y接线，经指导教师检查后，接通三相电源，调节调压器输出，使输出线电压为220V。用二瓦特表法分别测定负载对称和不对称两种情况下的三相负载的总功率 ΣP，测量数据记入表4-14-5中。

表4-14-4　一瓦特表法测有功功率的测量结果

测量条件	开灯盏数			测量数据			计算值
	A相	B相	C相	P_A/W	P_B/W	P_C/W	ΣP/W
Y_0接负载对称	3	3	3				
Y_0接不对称负载	1	2	3				

(3)如图4-14-6所示，将三相灯组负载改成△形接法，重复(2)的测量步骤，将数据记入表4-14-5中。

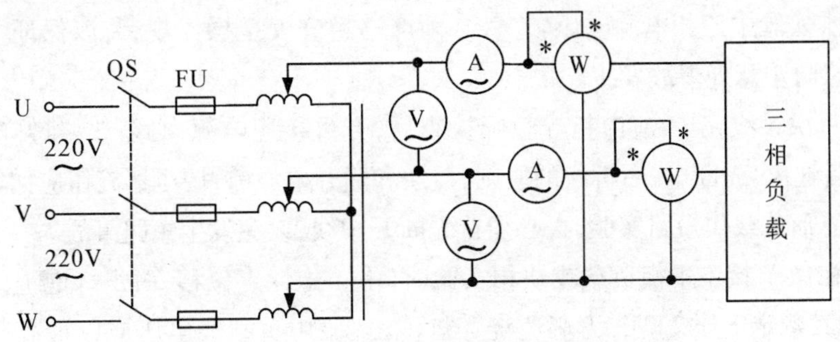

图4-14-6　二瓦特表法测量三相功率电路图

表 4 - 14 - 5　二瓦特表法测有功功率的测量结果

测量条件		开灯盏数			测量数据		计算值
		A 相	B 相	C 相	P_1/W	P_2/W	ΣP/W
Y 接法	负载对称	3	3	3			
	负载不对称	1	2	3			
△ 接法	负载对称	3	3	3			
	负载不对称	1	2	3			

(4)用一瓦特表法测定三相对称星形负载的无功功率，按图 4 - 14 - 7 所示的电路接线，每相负载由白炽灯和电容器并联而成，并由开关控制其接入。检查接线无误后，接通三相电源，将调压器的输出线电压调到 220V，读取三表的读数，数据记入表 4 - 14 - 6，并计算无功功率 ΣQ。

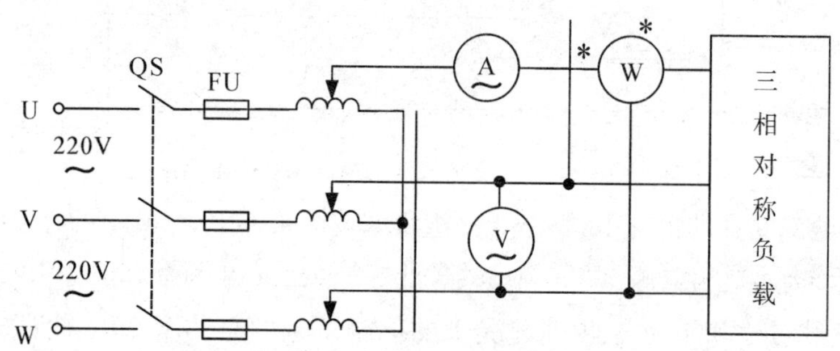

图 4 - 14 - 7　一瓦特表法测量无功功率电路图

表 4 - 14 - 6　一瓦特表法测无功功率的测量结果

负载情况	测量值			计算值
	U/V	I/A	P/W	$\Sigma Q = \sqrt{3}\,Q$
① 三相对称灯组(每相开 3 盏)				
② 三相对称电容器(每相 4.7μF)				
③ ①、②的并联负载				

六、实验注意事项

(1)本实验中三相电源电压较高，必须严格遵守安全操作规程，以保证人身和设备的安全，防止意外事故发生。

(2)每次接线完毕，应由指导教师检查后，方可接通电源，必须严格遵守先断电、再接线、后通电，先断电、后拆线的原则，接通和断开电源前，调压器旋钮应回零。

(3)Y 形负载作短路实验时，必须首先断开中线，以免发生短路事故。

(4)在做 Y 接不平衡负载或缺相实验时，由于中性点位移，白炽灯泡上的电压有可能超过其额定电压 220V，为避免烧坏灯泡，实验中负载线电压应以最高相电压 < 220V 为宜。

(5)测量功率时，注意功率表电流线圈和电压线圈的正确连接，若功率表指针反偏，只需对调电流线圈的两个端子。

七、实验报告

(1)用实验测得的数据验证星形连接和三角形连接的对称三相电路中，负载线电压和相电压、线电流和相电流的 $\sqrt{3}$ 倍关系。

(2)用实验数据和观察到的现象，总结三相四线制供电系统中中线的作用。

(3)根据不对称负载三角形连接时的相电流值作相量图，并求出线电流值，然后与实验测得的线电流作比较并进行分析。

(4)根据测量数据和计算值，比较一瓦特表法和二瓦特表法测量所得的三相负载的总功率的差异，试分析其原因。

4.15 二端口网络参数的测试

一、实验目的

(1)加深理解二端口网络的基本理论。

(2)学习测定二端口网络的传输参数。

(3)深入理解二端口网络级联连接时，复合二端口网络的传输参数与其部分二端口网络传输参数间的关系。

二、预习与思考

(1)复习电路课程中有关线性无源二端口网络的内容。

(2)试述二端口网络同时测量法与分别测量法的测量步骤、优缺点及适用情况。

(3)若将本实验中的直流电源换成交流信号源，两个二端口网络的传输参数各有什么变化，两者级联后的参数有什么变化?

三、实验仪器设备

实验仪器设备如表4－15－1所示。

表4－15－1 二端口网络的实验仪器设备

序号	名 称	型号与规格	数量	备注
1	可调直流稳压电源	0～30V	1	
2	数字直流电压表	0～200V	1	
3	数字直流毫安表	0～500mA	1	
4	二端口网络实验电路板		1	DGJ－03

四、实验原理与说明

对于任何一个线性网络，无论其内部结构如何复杂，我们所关心的往往只是输入端口和输出端口的电压和电流之间的相互关系，并通过实验测定方法求取一个极其简单的等值二端口电路来替代原网络，此即为“黑盒理论”的基本内容。

1. 同时测量法

一个二端口网络两端口的电压和电流四个变量间的关系，可以用 Y、Z、T 等多种形式的参数方程来表示，各组参数可进行等效。本实验采用输出口的电压 U_2 和电流 I_2 作为自变量，以输入口的电压 U_1 和电流 I_1 作为应变量，所得方程称为 T 参数描述的二端口网络传输方程。

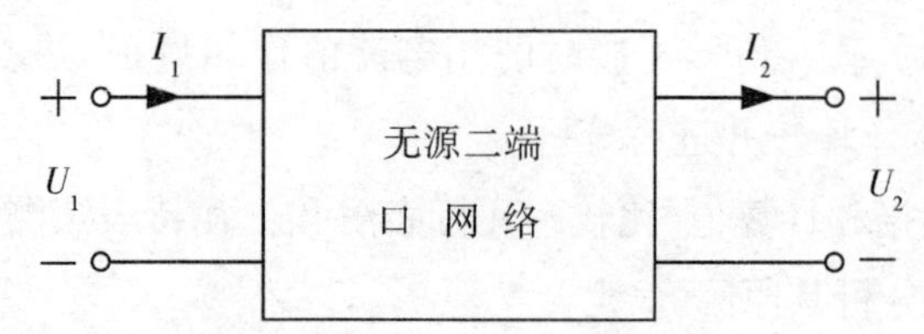

图 4 - 15 - 1　二端口网络模型

如图 4 - 15 - 1 所示的无源线性二端口网络，用传输参数 T 方程来描述，则为

$$\begin{bmatrix} \dot{U}_1 \\ \dot{I}_1 \end{bmatrix} = \begin{bmatrix} A & B \\ C & D \end{bmatrix} \begin{bmatrix} \dot{U}_2 \\ -\dot{I}_2 \end{bmatrix}$$

式中 A、B、C、D 为二端口网络的传输参数，表征了该二端口网络的基本特性，其含义是

$$A = \frac{U_{10}}{U_{20}} \text{（令 } I_2 = 0\text{，即输出口开路时）}$$

$$B = -\frac{U_{1s}}{I_{2s}} \text{（令 } U_2 = 0\text{，即输出口短路时）}$$

$$C = \frac{I_{10}}{U_{20}} \text{（令 } I_2 = 0\text{，即输出口开路时）}$$

$$D = -\frac{I_{1s}}{I_{2s}} \text{（令 } U_2 = 0\text{，即输出口短路时）}$$

由上可知，只要在网络的输入端口加上电压，在两个端口同时测量其电压和电流，即可求出 A、B、C、D 四个参数，此即为双端口同时测量法。

2. 分别测量法

若要测量一条远距离输电线构成的二端口网络，采用同时测量法就很不方便。这时可采用分别测量法，即先在输入端口加电压，而将输出端口开路和短路，在输入端口测量电压和电流，由传输方程可得

$$R_{10} = \frac{U_{10}}{I_{10}} = \frac{A}{C} \text{（令 } I_2 = 0\text{，即输出口开路时）}$$

$$R_{1s} = \frac{U_{1s}}{I_{1s}} = \frac{B}{D} \text{（令 } U_2 = 0\text{，即输出口短路时）}$$

然后在输出口加电压，而输入端口开路和短路，测量输出端口的电压和电流。此

时可得

$$R_{20}=\frac{U_{20}}{I_{20}}=\frac{D}{C}\text{（令 }I_1=0\text{，即输入口开路时）}$$

$$R_{2s}=\frac{U_{2s}}{I_{2s}}=\frac{B}{A}\text{（令 }U_1=0\text{，即输入口短路时）}$$

R_{10}、R_{1s}、R_{20}、R_{2s}分别表示一个端口开路和短路时另一端口的等效输入电阻，对于无源线性双端口网络来说，这四个参数中只有三个是独立的，即

$$AD-BC=1$$

因此，可求出四个传输参数为

$$A=\sqrt{\frac{R_{10}}{R_{20}-R_{2s}}}$$

$$B=AR_{2s}$$

$$C=\frac{A}{R_{10}}$$

$$D=CR_{20}$$

3. 级联连接

两个二端口网络以级联方式连接，如图 4－15－2 所示，级联后的等效二端口网络的传输参数亦可采用前述的方法之一求得。从理论推得两个二端口网络级联后的传输参数与每一个参加级联的二端口网络的传输参数之间有如下的关系：

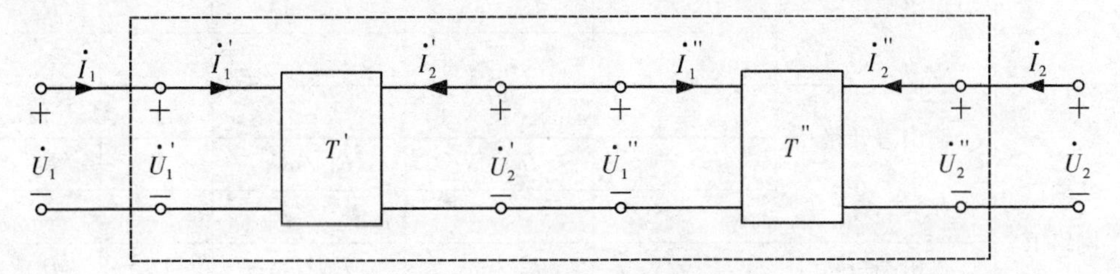

图 4－15－2　两个二端口级联

$$\begin{bmatrix}A & B\\ C & D\end{bmatrix}=\begin{bmatrix}A_1 & B_1\\ C_1 & D_1\end{bmatrix}\begin{bmatrix}A_2 & B_2\\ C_2 & D_2\end{bmatrix}$$

即

$$A=A_1A_2+B_1C_2$$

$$B=A_1B_2+B_1D_2$$

$$C=C_1A_2+D_1C_2$$

$$D=C_1B_2+D_1D_2$$

五、实验内容与步骤

二端口网络实验线路如图 4－15－3 所示。将直流稳压电源调到 10V 作为二端口

网络的输入。

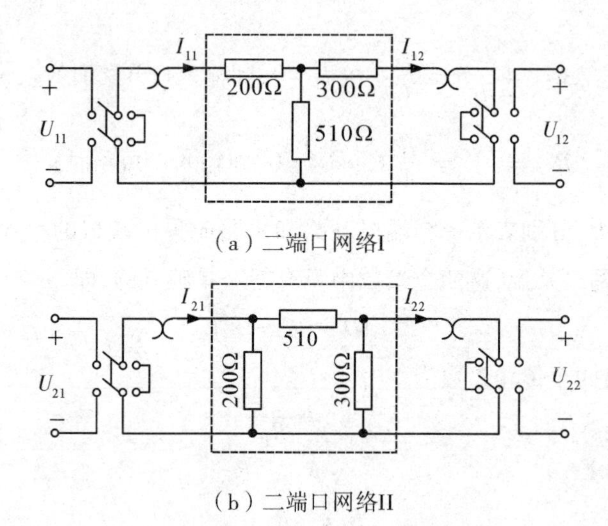

（a）二端口网络I

（b）二端口网络II

图 4-15-3　实验电路

(1)按同时测量法分别测定两个二端口网络的传输参数 A_1、B_1、C_1、D_1 和 A_2、B_2、C_2、D_2，将测量值和计算值都记入表 4-15-2，并列出它们的传输方程。

表 4-15-2　同时测量法测定 T 参数的实验结果

		测量值			计算值	
二端口网络 I	输出端开路 $I_{12}=0$	U_{11O}/V	U_{12O}/V	I_{11O}/mA	A_1	B_1
	输出端短路 $U_{12}=0$	U_{11S}/V	I_{11S}/mA	I_{12S}/mA	C_1	D_1
二端口网络 II		测　量　值			计　算　值	
	输出端开路 $I_{22}=0$	U_{21O}/V	U_{22O}/V	I_{21O}/mA	A_2	B_2
	输出端短路 $U_{22}=0$	U_{21S}/V	I_{21S}/mA	I_{22S}/mA	C_2	D_2

(2)按分别测量法分别测定两个二端口网络的传输参数 A_1、B_1、C_1、D_1 和 A_2、B_2、C_2、D_2，将测量值和计算值都记入表 4-15-3 中，并与同时测量法得到的实验结果进行比较。

(3)按分别测量法测量两个二端口网络级联后的等效二端口网络的传输参数 A、B、C、D，参照图 4-15-2，将网络 I 的输出接至网络 II 的输入，测量与计算结果记入表 4-15-4 中，并验证等效二端口网络传输参数与级联的两个二端口网络传输参数之间的关系。

表4-15-3 分别测量法测定T参数的实验结果

<table>
<tr><td rowspan="2"></td><td colspan="3">输出端开路 $I_2=0$</td><td colspan="3">输出端短路 $U_2=0$</td><td colspan="2" rowspan="2">计算传输参数</td></tr>
<tr><td>U_{10}/V</td><td>I_{10}/mA</td><td>R_{10}/kΩ</td><td>U_{1S}/V</td><td>I_{1S}/mA</td><td>R_{1S}/kΩ</td></tr>
<tr><td>二端口网络I</td><td></td><td></td><td></td><td></td><td></td><td></td><td rowspan="2">二端口网络I</td><td rowspan="2">二端口网络II</td></tr>
<tr><td>二端口网络II</td><td></td><td></td><td></td><td></td><td></td><td></td></tr>
<tr><td></td><td colspan="3">输入端开路 $I_1=0$</td><td colspan="3">输入端短路 $U_1=0$</td><td>$A_1=$</td><td>$A_2=$</td></tr>
<tr><td></td><td>U_{20}/V</td><td>I_{20}/A</td><td>R_{20}/kΩ</td><td>U_{2S}/V</td><td>I_{2S}/mA</td><td>R_{2S}/kΩ</td><td>$B_1=$</td><td>$B_2=$</td></tr>
<tr><td>二端口网络I</td><td></td><td></td><td></td><td></td><td></td><td></td><td>$C_1=$</td><td>$C_2=$</td></tr>
<tr><td>二端口网络II</td><td></td><td></td><td></td><td></td><td></td><td></td><td>$D_1=$</td><td>$D_2=$</td></tr>
</table>

表4-15-4 两个二端口网络级联的T参数测量数据

<table>
<tr><td colspan="3">输出端开路 $I_2=0$</td><td colspan="3">输出端短路 $U_2=0$</td><td rowspan="2">计算传输参数</td></tr>
<tr><td>U_{10}/V</td><td>I_{10}/mA</td><td>R_{10}/kΩ</td><td>U_{1S}/V</td><td>I_{1S}/mA</td><td>R_{1S}/kΩ</td></tr>
<tr><td></td><td></td><td></td><td></td><td></td><td></td><td>$A=$</td></tr>
<tr><td colspan="3">输入端开路 $I_1=0$</td><td colspan="3">输入端短路 $U_1=0$</td><td>$B=$</td></tr>
<tr><td>U_{20}/V</td><td>I_{20}/mA</td><td>R_{20}/kΩ</td><td>U_{2S}/V</td><td>I_{2S}/mA</td><td>R_{2S}/kΩ</td><td>$C=$</td></tr>
<tr><td></td><td></td><td></td><td></td><td></td><td></td><td>$D=$</td></tr>
</table>

六、实验注意事项

(1)用电流插头插座测量电流时，要注意判别电流表的极性及选取适合的量程(根据所给的电路参数,估算电流表量程),尽量保证测量的准确性。

(2)计算传输参数时，I、U 均取其绝对值。

(3)自备计算器。

七、实验报告

(1)完成对数据表格的测量和计算任务。

(2)列写参数方程。

(3)验证级联后等效二端口网络的传输参数与级联的两个二端口网络传输参数之间的关系。

(4)总结、归纳二端口网络的测试技术。

第5章 计算机辅助电路分析

5.1 概述

随着计算机的飞速发展,以计算机辅助设计为基础的电子设计自动化 EDA(Electronic Design Automatic)技术在电子电路设计中发挥着越来越大的作用。EDA 工具使电子电路的分析和设计方法发生了重大的变革,它摒弃了靠硬件调试达到设计目标的繁琐过程,实现了硬件设计软件化。EDA 技术的出现,极大地提高了电路设计的效率,减轻了设计者的劳动强度,并在教学、科研、产品设计与制造等各方面都发挥了巨大的作用。

5.1.1 软件发展

EDA 技术自 20 世纪 70 年代开始发展,建立了国际通用的 Spice 标准模型,并逐步用计算机辅助取代手工操作,在扩充电路分析功能、改进和完善算法、增加元器件模型库、改进用户界面等方面做了很多实用化的工作。20 世纪 80 年代后期,出现了一批各具特色的优秀 EDA 软件,如 Pspice、EWB 等,改变了以定量估算和电路实验为基础的电路设计方法。在众多电子电路仿真软件中,EWB 是一款非常优秀的实验平台,它是加拿大 IIT 公司于 1988 推出的一款专门用于电子线路仿真和设计的 EDA 工具软件,得到广大电子设计工作者的青睐。20 世纪 90 年代,EWB 被迅速推广,作为电子类专业课程教学和实验环节的一种重要辅助手段。

21 世纪初,IIT 公司陆续推出了 EWB4.0、EWB5.0。从 EWB5.0 版本后,IIT 对 EWB 进行了较大变动,将专门用于电子电路仿真的模块更名为 Multisim,将 PCB 制板软件 Electronics Workbench Layout 更名为 Ultiboard,为了增强 Ultiboard 的布线能力,开发了 Ulteroute 布线引擎,随后还推出了用于通信系统的仿真软件 Commsim。至此,Multisim、Ultiboard、Ulteroute 和 Commsim 构成了现在 EWB 的基础组成部分,能完成从系统仿真、电路仿真到电路板图生成的全过程,但它们彼此相互独立,可以分别使用。目前,这 4 个 EWB 模块中最具特色的仍然是电路仿真软件 Multisim。

2001年,IIT公司推出了Multisim2001,重新验证了元件库中所有元件的信息和模型,允许用户自定义元器件的属性,可以把一个子电路当作一个元件使用,提高了数字电路仿真速度,并开设了EdaPARTS.com网站,用户可以从中获取最新的元件模型和技术支持。

2003年,IIT公司又对Multisim 2001进行了较大改进,并升级为Multisim 7.0,优化了元器件调用模块,增加了3D元器件以及安捷伦的万用表、示波器和函数信号发生器等仿实物的虚拟仪表,使得虚拟电子工作平台更加接近实际的实验平台。

2004年,IIT又推出了Multisim 8.0,它从功能和性能方面作了全面升级,极大地扩充了元器件数据库,增强了仿真电路的实用性,增加了功率表、失真仪、光谱分析仪、网络分析仪、虚拟Tektronix示波器等测试仪表,仿真速度更快,扩充电路的测试功能并支持VHDL和Verilog语言的电路仿真和设计。

2005年后,IIT公司隶属于美国NI公司。NI公司于2005年12月推出Multisim 9.0,包括Ultiboard 9和Ultiroute 9。该版本在软件的内容和功能上有着本质的区别,它不仅拥有大容量的元器件库、强大的仿真分析能力、多种常用的虚拟仪器仪表,还与NI公司的最具特色的LabVIEW虚拟仪表完美结合,提高了模拟及测试性能。

2007年,Multisim软件在原有名称的基础上添加了NI,软件更名为NI Multisim,新推出了NI Multisim 10.0。该版本不仅在电子仿真方面有诸多提高,而且在LabVIEW技术应用、MultiMCU单片机中的仿真、MultiVHDL及MultiVerilog在FPGA和CPLD中的仿真应用等方面的功能同样强大。

2010年,NI Multisim 11.0面世,包括NI Multisim和NI Ultiboard产品。引入全新设计的原理图表系统,改进了虚拟接口,以创建更明确的原理图;通过更快地操作大型原理图,缩短文件的加载时间,并且节省打开用户界面的时间,有助于使用者更快地完成工作;NI Multisim捕捉和Ultiboard布局之间的设计同步化比以前更好,在为设计更改提供最佳透明度的同时,可以对更多属性进行注释。

2012年,NI公司又推出了Multisim 12.0。NI Multisim 12.0添加了新的SPICE模型、NI和行业标准硬件连接器,同时提供了更为方便的电路图和文件管理功能。更重要的是,NI Multisim 12.0与LabVIEW进行了前所未有的紧密集成,可实现模拟和数字系统的闭环仿真。使用该全新的设计方法,工程师能够非常方便地比较仿真数据和真实数据,规避设计上的反复,进而在设计过程中有效节约时间。

继NI Multisim 12.0后,美国NI公司于2013年又推出了最新版本NI Multisim 13.0。NI Multisim 13.0提供了针对模拟电子、数字电子及电力电子的全面电路分析工具。这一图形化互动环境可帮助教师巩固学生对电路理论的理解,将课堂学习与动手实验学习有效地衔接起来。Multisim的这些高级分析功能也同样应用于各行各业,帮助工程师通过混合模式仿真探索设计决策,优化电路行为。

5.1.2 NI Multisim 13.0 新特性

全新的 NI Multisim 13.0 包括以下优势:

- 电路参数和参数扫描分析
- 结合 NI myRIO and Digilent FPGA 对象进行数字电路教学
- 使用 IGBT 和 MOSFET 热模型进行电力电子分析
- 包含超过 26,000 个元件的元器件库
- 通过用于 LabVIEW 系统设计软件的 Multisim API 工具包实现设计自动化

NI Multisim 13.0 是一款适用于多个学科的完整教学解决方案,包含各种课件,并与 NI myDAQ、NI 教学实验室虚拟仪器套件(NI ELVIS)、NI myRIO 等实验室硬件和来自 Digilent 的电子产品相集成,帮助学生轻松从基本的电子概念理解过渡到复杂系统设计。NI Multisim 13.0 中还包含各种即用型子板模板,可加快使用 NI Single - Board RIO 硬件及其他设备进行设计的速度。此外,用于 LabVIEW 的 Multisim API 工具包还可对各种应用程序进行定义,使其以传统仿真环境所无法比拟的灵活性进行测量数据关联、特定领域条件扫描和性能分析。

5.2 NI Multisim 13.0 的基本功能

5.2.1 主窗口界面

在完成 NI Multisim 13.0 的安装之后,启动该软件,其主窗口界面如图 5 - 2 - 1 所示。NI Multisim 13.0 的窗口界面包括标题栏、菜单栏、工具栏、工作区域、电子表格视

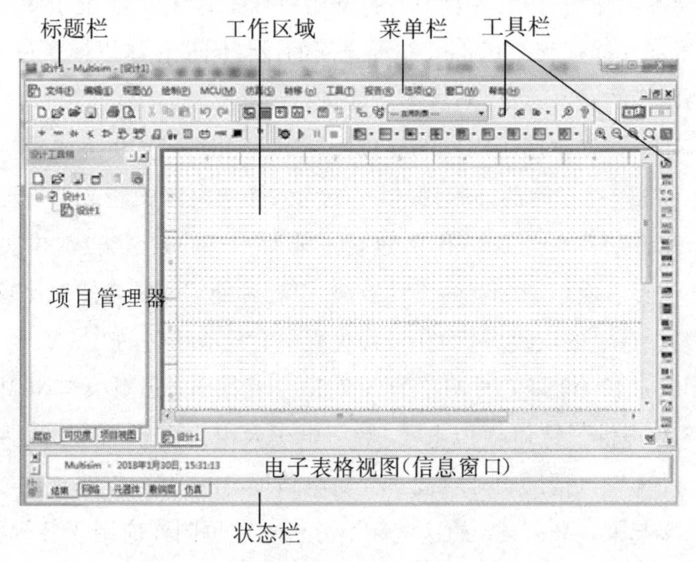

图 5 - 2 - 1 NI Multisim 13.0 窗口界面

图(信息窗口)、状态栏及项目管理器 7 个部分。

5.2.2　菜单栏

NI Multisim13.0 菜单栏位于窗口界面的上方,采用标准的下拉式菜单,在下拉菜单中提供了软件中几乎所有的功能命令。在设计过程中,对原理图的各种编辑操作都可以通过菜单栏中的相应命令来实现。

菜单栏包含 12 个主菜单,如图 5-2-2 所示,从左到右依次为文件(F)、编辑(E)、视图(V)、绘制(P)、MCU(M)、仿真(S)、转移(n)、工具(T)、报告(R)、选项(O)、窗口(W)和帮助(H)。

文件(F)　编辑(E)　视图(V)　绘制(P)　MCU(M)　仿真(S)　转移(n)　工具(T)　报告(R)　选项(O)　窗口(W)　帮助(H)

图 5-2-2　NI Multisim 13.0 菜单栏

1. 文件菜单

该菜单提供了设计、打开、关闭、保存、打印等文件操作,如图 5-2-3 所示,主要用于创建和管理电路文件,用法与 Windows 类似。

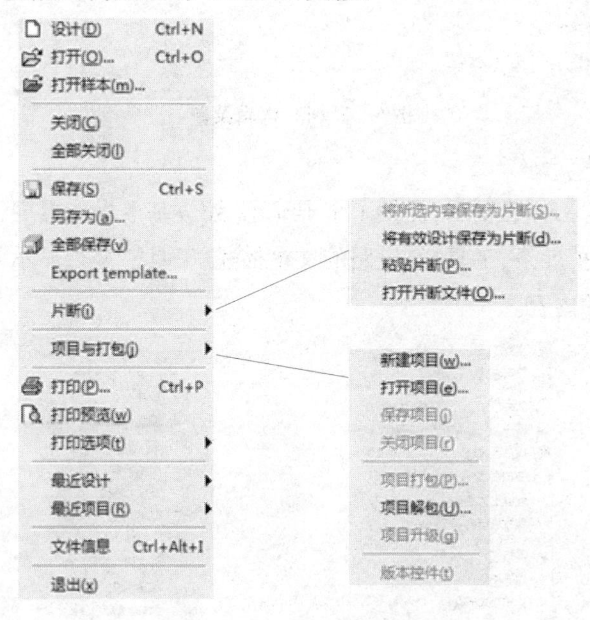

图 5-2-3　文件菜单

2. 编辑菜单

该菜单提供了重复、撤销、剪切、复制、粘贴、删除、查找及图形注释等选项,如图 5-2-4 所示,用于在电路绘制过程中进行各种编辑、注释和处理,用法与 Windows 类似。

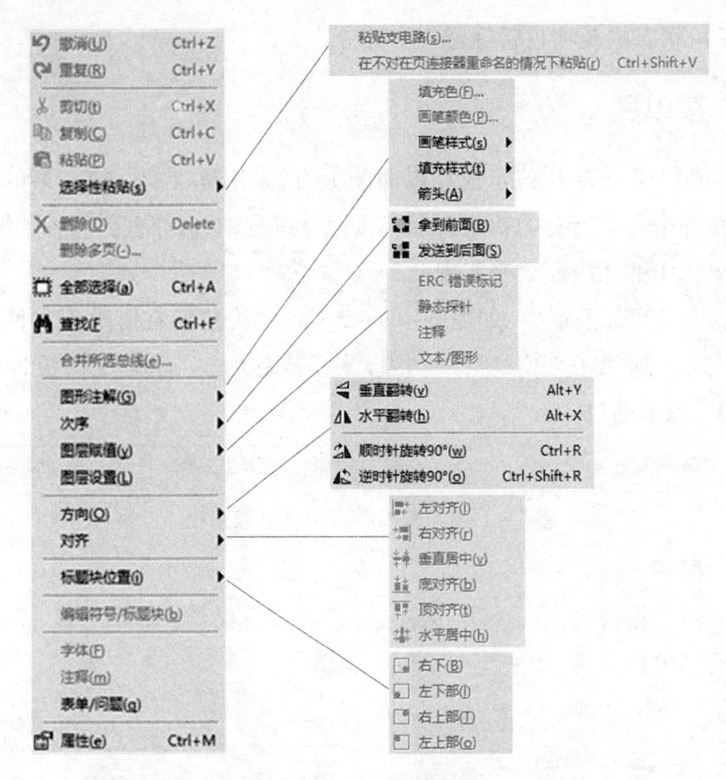

图 5-2-4　编辑菜单

3. 视图菜单

该菜单如图 5-2-5 所示，提供了全屏显示、缩放基本操作界面，绘制电路工作区的显示方式，以及扩展条、工具栏、电路的文本描述、工具栏是否显示等操作，用于控制仿真界面上显示的内容。

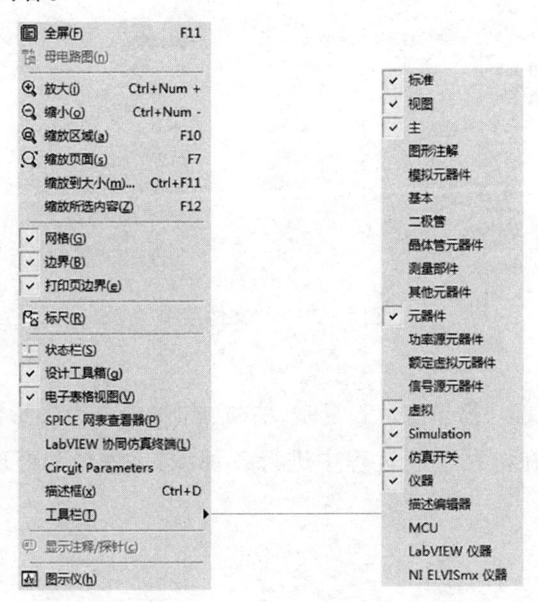

图 5-2-5　视图菜单

4. 绘制菜单

该菜单提供了绘制仿真电路所需的元器件、节点、导线、各种连接接口，以及文本框、标题栏等文字内容，如图5-2-6所示。用户可添加各种电路元件，组织各种电路的连接形式。

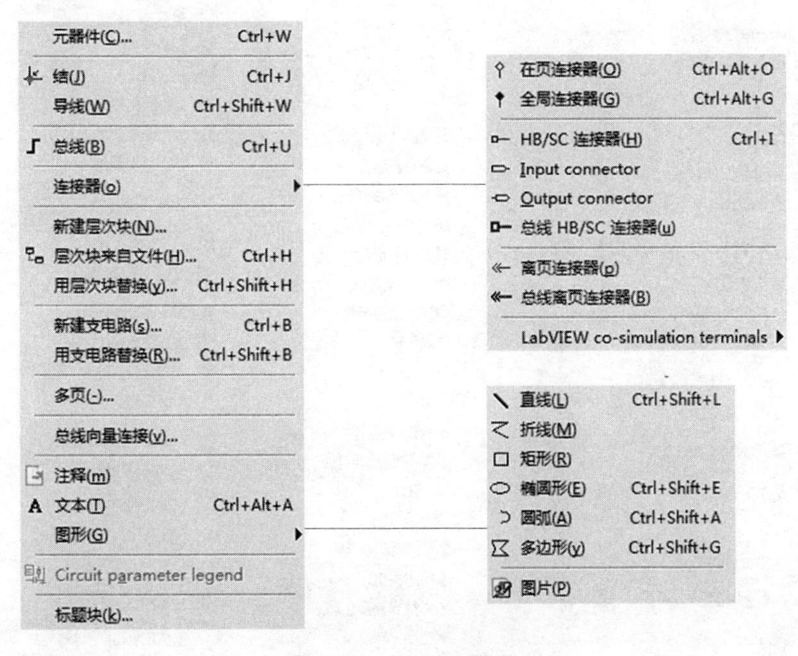

图5-2-6 绘制菜单

5. MCU 菜单

该菜单提供带有微控制器的嵌入式电路仿真功能，如图5-2-7所示。NI Multisim 13.0 目前支持的微处理器类型有两类，分别是805X和PIC，还可添加ROM和RAM。

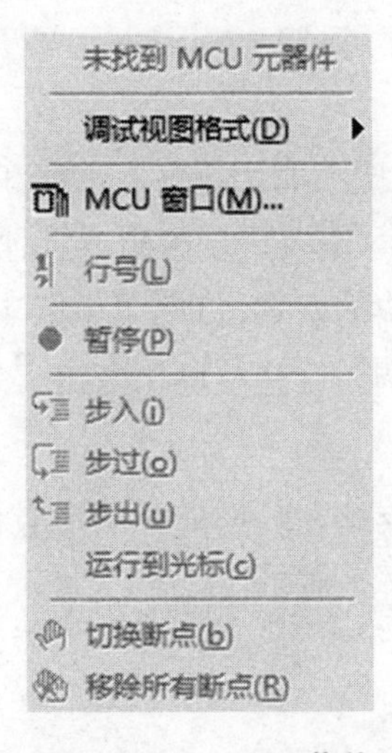

图5-2-7 MCU 菜单

6. 仿真菜单

该菜单提供启停电路仿真和仿真所需的各种仪器仪表，提供电路的各种分析方法，设置仿真环境及 PSPICE、VHDL 等仿真操作，如图 5－2－8 所示。

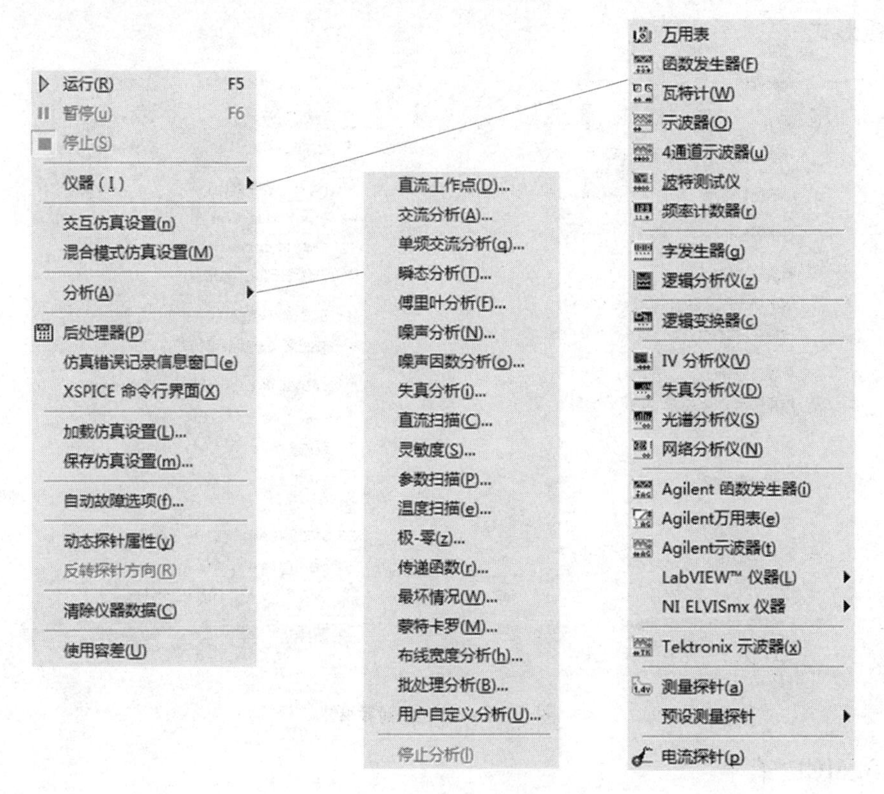

图 5－2－8　仿真菜单

7. 转移菜单

该菜单提供仿真电路的各数据与 NI Ultiboard 13.0 数据相互传递的功能，如图 5－2－9 所示。

8. 工具菜单

该菜单是 NI Multisim 13.0 中功能比较强大的一个菜单项，提供了常用电路向导和管理命令，如图 5－2－10 所示，主要用于编辑或管理元器件和元器件库。工具菜单提供了更为方便的创建电路的快捷方式，将电子电路中一些常用的功能电路模块化，使用户在创建电路时可以直接调用这些模块化电路。

9. 报告菜单

该菜单用于产生指定元件存储在数据库中的所有信息和当前电路窗口中所有元件的详细参数报告，如图 5－2－11 所示。

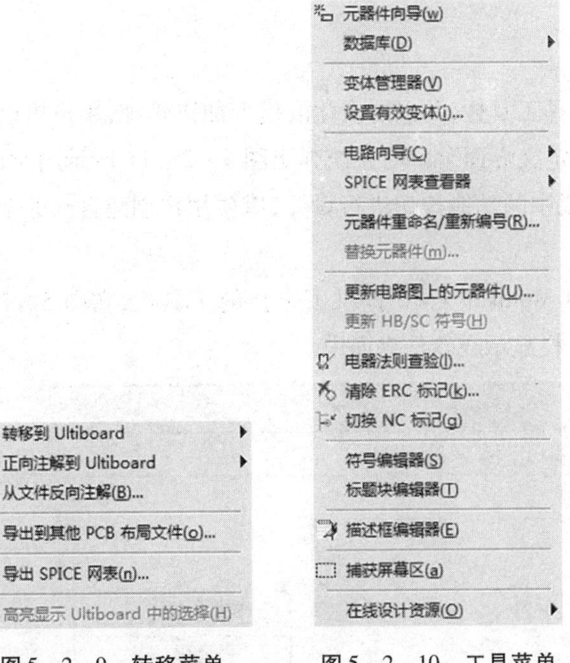

图5-2-9　转移菜单　　图5-2-10　工具菜单　　图5-2-11　报告菜单

10. 选项菜单

该菜单提供根据用户需要设置电路功能、存放模式及工作界面的功能，如图5-2-12所示。

11. 窗口菜单

该菜单提供对一个电路的各个多页子电路以及不同的仿真电路同时浏览的功能，如图5-2-13所示。

12. 帮助菜单

该菜单可以打开帮助窗口，其中含有帮助主题目录、帮助主题索引等，还有 Multisim 入门操作介绍，以及查找范例等功能，如图5-2-14所示。

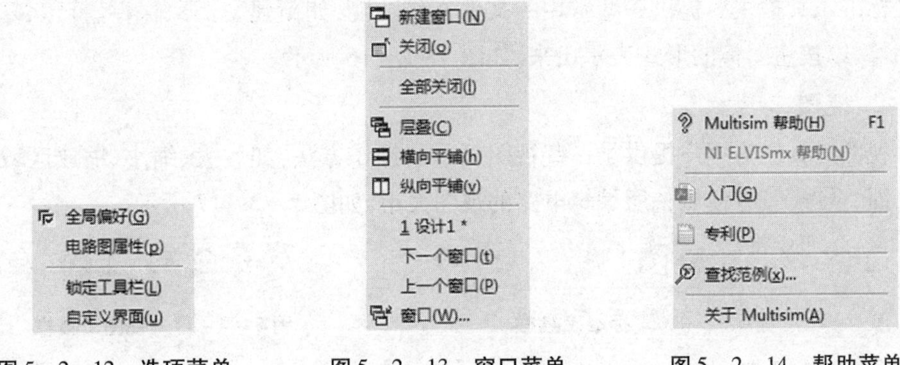

图5-2-12　选项菜单　　图5-2-13　窗口菜单　　图5-2-14　帮助菜单

5.2.3 工具栏

NI Multisim 13.0 提供了多种工具栏，并以层次化的模型加以管理，用户可以通过选择菜单栏中的“选项”→“自定义界面”命令，系统弹出图 5－2－15 所示的对话框，打开“工具栏”选项卡，对工具栏中的功能按钮进行设置，以便用户创建自己的个性工具栏。

在原理图的设计界面中，NI Multisim 13.0 提供了丰富的工具栏，在图 5－2－15 中勾选需要的工具栏，则该工具栏显示在软件界面中。

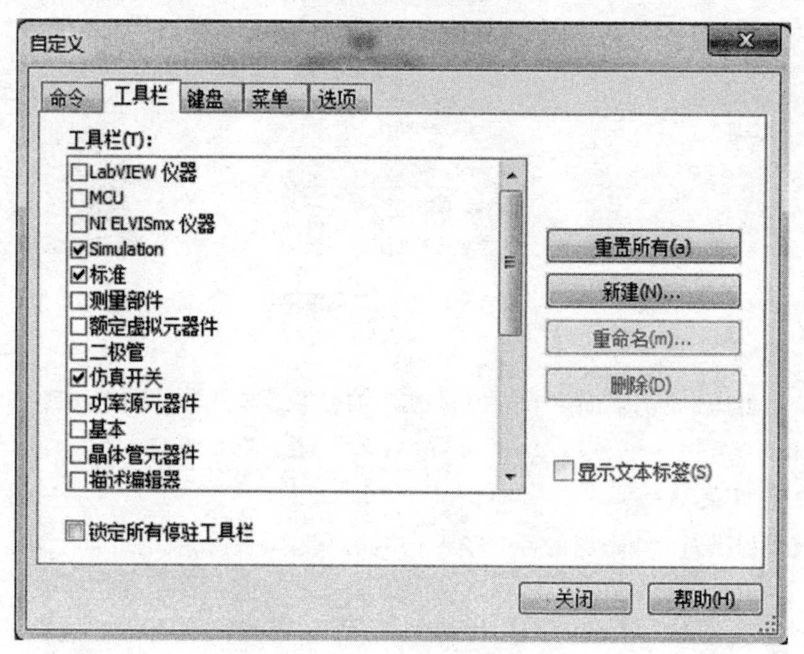

图 5－2－15 “自定义”对话框

1. 标准工具栏

标准工具栏主要提供一些常用的文件操作功能，如新建、打开、保存、打印、复制、粘贴等，以按钮图标的形式表示出来，如图 5－2－16 所示。

2. 视图工具栏

视图工具栏为用户提供了一些视图显示的操作方法，如放大、缩小、缩放区域、缩放页面、全屏等，方便调整所编辑电路的视图大小，如图 5－2－17 所示。

图 5－2－16 标准工具栏　　　　图 5－2－17 视图工具栏

3. 主工具栏

主工具栏是 NI Multisim 13.0 的核心，提供了设计仿真过程中常用的命令操作，使用它可进行电路的建立、仿真及分析，并最终输出设计数据等，完成对电路从设计到分析的全部工作，提高设计仿真速度。

主工具栏总共有14个按钮，如图5－2－18所示，从左到右依次是设计工具箱、电子表格视图、SPICE网表查看器、图示仪、后处理器、母电路图、元器件向导、数据库管理器、在用列表、电器法则查验、从文件反向注解、正向注解到Ultiboard、查找范例、Mutisim帮助。

图5－2－18　主工具栏

4. 仿真工具栏

仿真工具栏是运行仿真的一个快捷键，包含电路仿真过程中所需要的交互仿真设置、运行、暂停及停止仿真四个按钮，如图5－2－19所示。另外，也可以通过主窗口右上部的仿真开关来控制仿真过程，如图5－2－20所示，左边的开关为仿真启动/停止开关，开关拨至左边停止仿真，拨至右边启动仿真；右边开关为暂停开关。

图5－2－19　仿真工具栏 　　图5－2－20　仿真开关

5. 元器件工具栏

元器件工具栏放置有一个默认值的非标准化元件，选取该元件后，还可以打开选择元器件的对话框，并在该组选择所需的特定参数的各类元器件。

元器件工具栏如图5－2－21所示，包括20种元件分类库，从左到右的模块依次为信号源库、基本元件库、二极管库、三极管库、模拟器件库、TTL器件库、CMOS器件库、其他数字器件库、模数混合器件库、指示器件库、功率元器件库、杂项元器件库、高级外设器件库、射频元器件库、机电式元器件库、仿真NI元器件库、连接器库、MCU器件库、其他来自文件的层次块、总线。

图5－2－21　元器件工具栏

6. 虚拟工具栏

虚拟工具栏有9个按钮组成，如图5－2－22所示，按钮从左到右依次为显示/隐藏基本系列、显示/隐藏二极管系列、显示/隐藏晶体管系列、显示/隐藏测量系列、显示/隐藏其他系列、显示/隐藏功率源系列、显示/隐藏额定系列和显示/隐藏信号源系列。

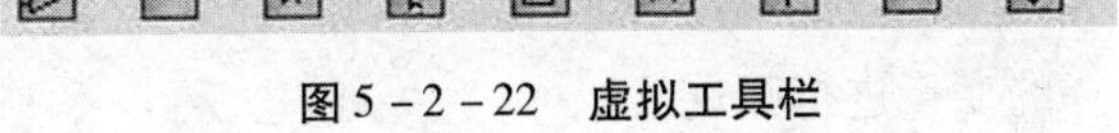

图5－2－22　虚拟工具栏

7. 仪器工具栏

仪器工具栏提供了22种在电路仿真中将会用到的各种仪器仪表，如图5－2－23

所示，从左到右依次为万用表、函数信号发生器、瓦特表、示波器、4 通道示波器、波特测试仪、频率计数器、字发生器、逻辑变换器、逻辑分析仪、IV 分析仪、失真分析仪、光谱分析仪、网络分析仪、Aglient 函数发生器、Aglient 万用表、Aglient 示波器、Tektronix 示波器、测量探针、LabVIEW 仪器、NIELVISmx 仪器和电流探针。这些虚拟仪器的参数设置、使用方法、外观设计与实验室中的真实仪器基本一致。习惯上将仪器工具栏放置在窗口的右侧，为了使用方便，也可将其移动到任意位置。

图 5－2－23　仪器工具栏

5.3　NI Multisim 13.0 的仿真分析方法

在电子电路中，需要对所制作电路的各种技术参数进行分析，以判断电路的性能指标是否符合要求。NI Multisim 13.0 提供了 19 种仿真分析命令，分别是直流工作点分析、交流分析、单频交流分析、瞬态分析、傅里叶分析、噪声分析、噪声因数分析、失真分析、直流扫描分析、灵敏度分析、参数扫面分析、温度扫描分析、零—极点分析、传输函数分析、最坏情况分析、蒙特卡洛分析、布线宽度分析、批处理分析、用户自定义分析。

选择菜单栏中的“仿真”→“分析”命令，弹出各种分析方法的菜单命令，可以进行不同方式的仿真分析。

5.3.1　直流工作点分析

直流工作点分析是最基本的电路分析，通常是为了判断电路是否具有合适的静态工作点，如果设置不合适，则会导致电路不能正常工作。在进行直流工作点分析时，电路中的交流源将被置零，电容视为开路，电感视为短路。

对于不同的分析，其设置参数不完全相同，必须预先设定合适的参数。大部分电路的分析不需要进行特定参数的设置，无特殊说明，可以使用默认值。

单击菜单栏中的“仿真”→“分析”→“直流工作点分析”命令，进入“直流工作点分析”对话框，如图 5－3－1 所示。

1.“输出”选项卡

在“电路中的变量”列表框中默认状态列出了所有可供选择的输出变量，如图 5－3－2所示。通过改变列表框的设置，选择需要的输出变量。如果还需显示其他参数变量，则可单击该栏下的 过滤未选定的变量(F)... 按钮，弹出图 5－3－3 所示的“过滤节点”对话框，对选择的变量进行筛选。

“已选定用于分析的变量”列表框列出了所要分析的节点，默认状态为空，需要用户先从“电路中的变量”列表框中选取一个或多个变量，然后单击 添加(A) 按钮，这些变量就会出现在“已选定用于分析的变量”栏中。如果需去除某个变量,则可选择该变量,单击 移除(R) 按钮将其移回“电路中的变量”栏中。

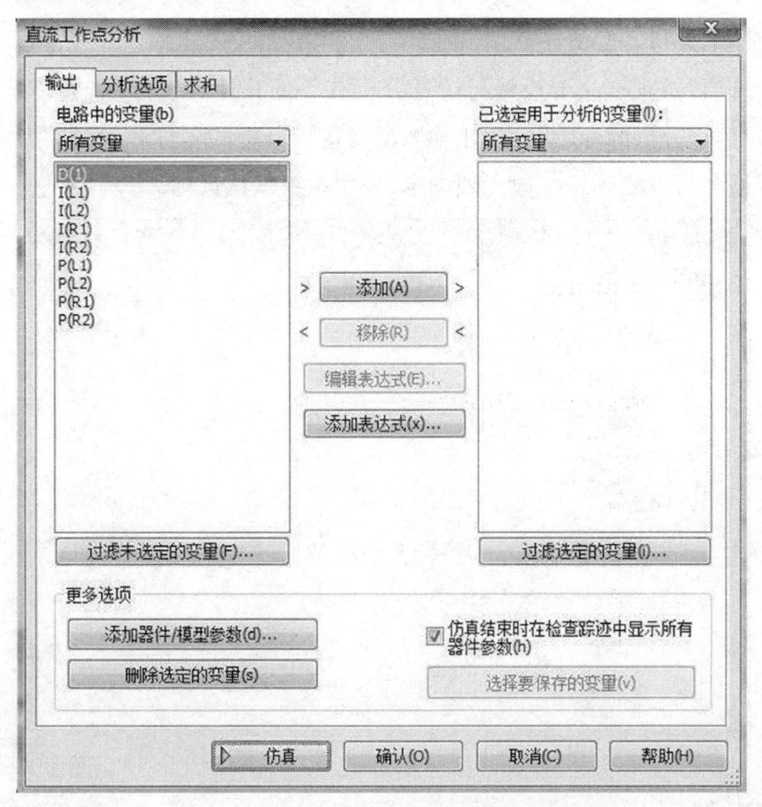

图 5-3-1　“直流工作点分析”对话框

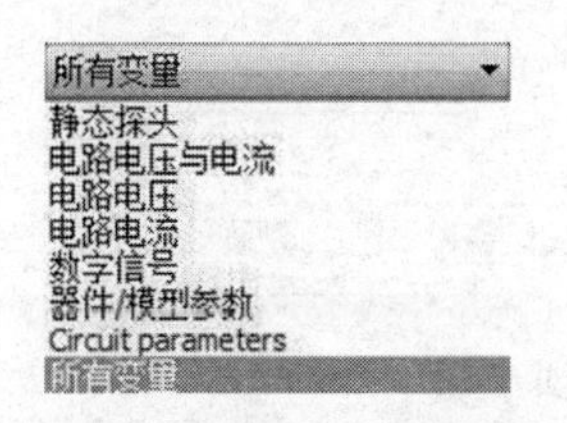

图 5-3-2　“电路中的变量”列表框

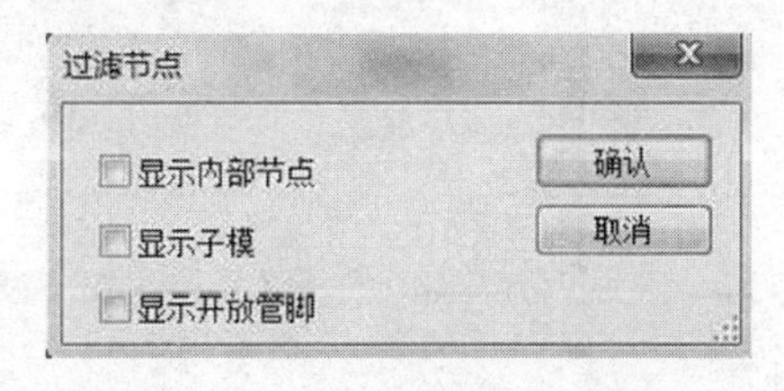

图 5-3-3　“过滤节点”对话框

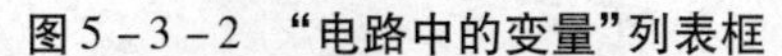

按钮用于在“电路中的变量”栏内增加某个元器件模型参数。单击该按钮,弹出如图 5-3-4 所示的“添加器件/模型参数”对话框,对参数类型、器件类型、名称、参数和描述进行编辑。

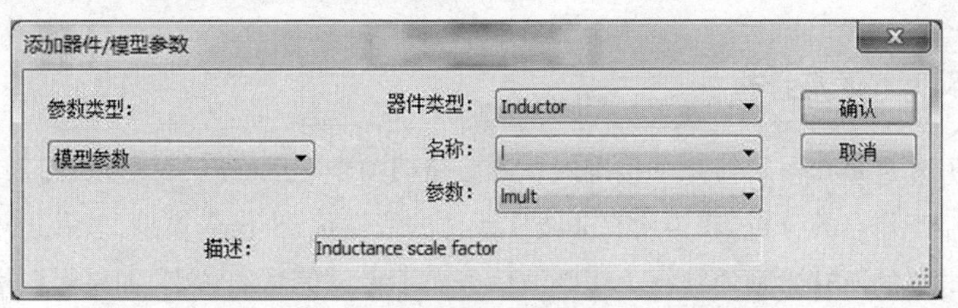

图 5-3-4　“添加器件/模型参数”对话框

删除选定的变量(s) 用于删除通过 添加器件/模型参数(d)... 按钮添加到"电路中的变量"栏中不再需要的变量。

2."分析选项"选项卡

"分析选项"选项卡主要设置与仿真分析有关的其他分析选项,如图 5-3-5 所示,包括在"用于分析的标题"字段中输入所要进行分析的名称和通过"使用自定义设置"设定习惯分析方式等。一般无须设定,采用系统默认选项。

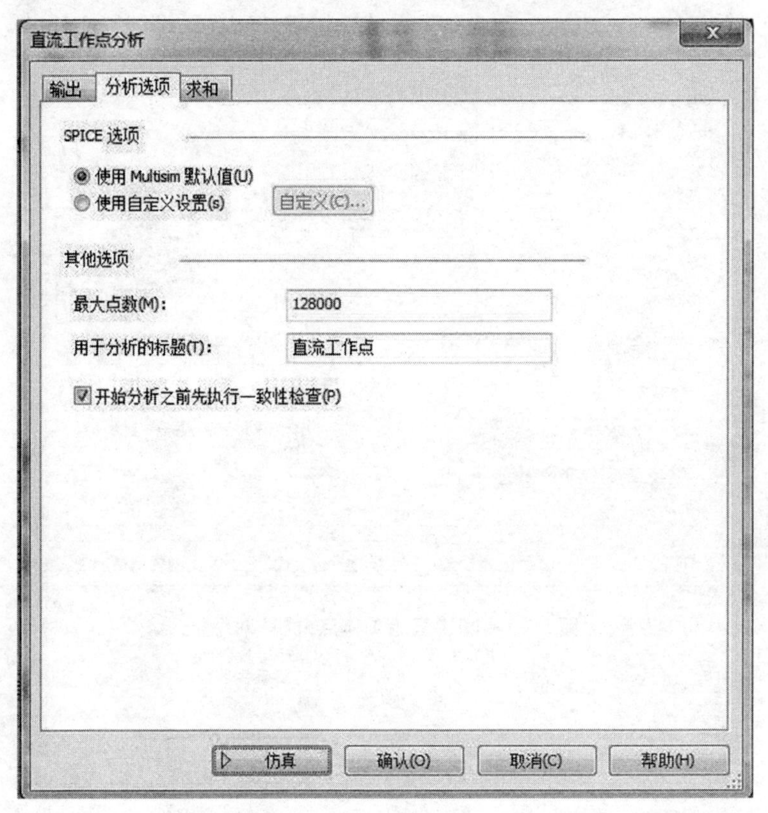

图 5-3-5 "分析选项"选项卡

3."求和"选项卡

"求和"选项卡用于对分析设置进行汇总确认,如图 5-3-6 所示,该选项卡给出了所有设定的参数和选项,用户可以通过检查确认所要进行的分析设置是否正确,是否有遗漏。

5.3.2 交流分析

交流分析是在一定的频率范围内计算电路的频率响应。在交流分析之前,应首先进行直流工作点的分析,获得所有非线性元件的线性化、小信号模型,然后建立矩阵方程。原电路的所有激励均被视为正弦波信号而不考虑信号的频率,如果函数信号发生器设置为输出方波或三角波,在分析过程中会自动切换为正弦波,然后交流分析会作

图5-3-6 “求和”选项卡

为频率的响应函数对交流电路进行分析。

执行“仿真”→“分析”→“交流分析”命令，即可弹出“交流分析”对话框，如图5-3-7所示，该对话框包括频率参数、输出、分析选项和求和共4个选项卡。除频率参数外，其余3个选项卡与直流工作点分析的设置相同。

“频率参数”选项卡中包含以下项目。

- 起始频率：设置交流分析的初始频率。
- 停止频率：设置交流分析的终止频率。
- 扫描类型：设置交流分析的扫描方式，包括线性、十倍频程和倍频程。
- 点数：设置交流分析的测试点数目设置。
- 垂直刻度：设置输出波形的纵坐标刻度，数值类型有：线性、对数、分贝和倍频程。

5.3.3 瞬态分析

瞬态分析是对所选定电路节点的时域响应，即电路的响应在激励作用下在时间域的函数波形，是一种非线性分析。对于固定偏置点，电路节点的初始值对计算偏置点和非线性元器件的小信号参数时节点初始值也应考虑在内，因此有初始值的电容和电感也被看作是电路的一部分而保留下来。

图5-3-7 “交流分析”对话框

执行“仿真”→“分析”→“瞬态分析”命令，即可弹出如图5-3-8所示的“瞬态分析”对话框。其中，输出、分析选项和求和3个选项卡与直流工作点分析设置相同，“分析参数”选项卡主要用来设置瞬态分析时间参数。

- 起始时间：设置瞬态分析的初始时间，通常设为0。
- 结束时间：设置瞬态分析的终止时间。
- 最大时间步长：勾选该复选框，则在相应文本框内指定最大的时间间隔。
- 设置初始时间步长：勾选该复选框，则在相应文本框内指定初始时间步长设置值。

5.3.4 直流扫描分析

直流扫描分析是利用一个或两个直流电源分析电路中某一节点上的直流工作点的数值变化情况。利用直流扫描分析，可快速地根据直流电源的变动范围确定电路直流工作点。

直流扫描分析的仿真设置如下：执行“仿真”→“分析”→“直流扫描分析”命令，即可弹出“直流扫描分析”对话框，选择“分析参数”选项卡，如图5-3-9所示，其中源1为主源，源2为可选源。通常源1所覆盖的区间是内循环，而源2扫描区间是外循环。

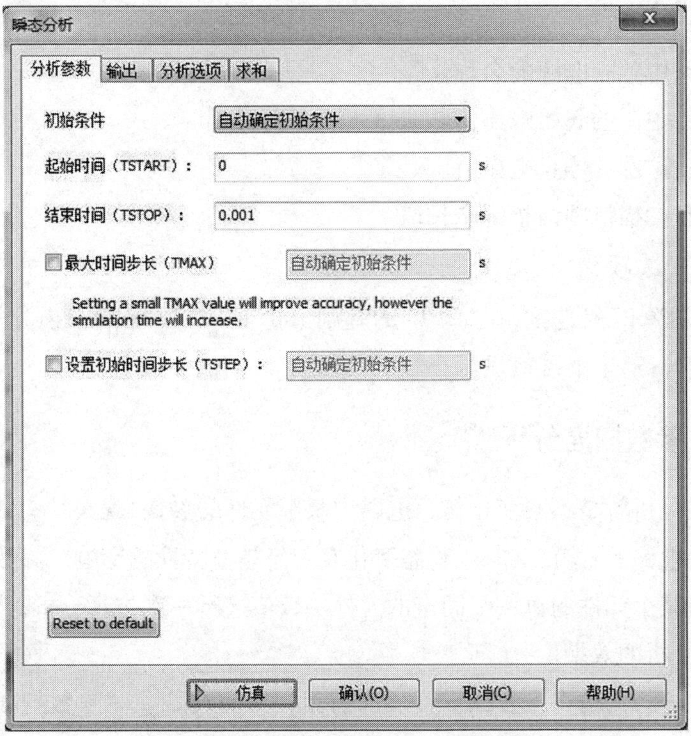

图 5－3－8　“瞬态分析”对话框

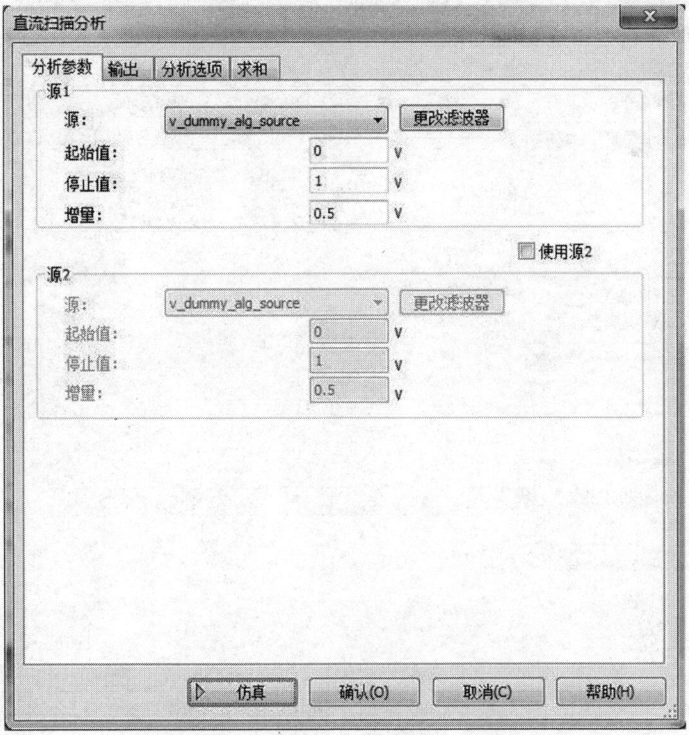

图 5－3－9　“直流扫描分析”对话框

1.“源 1”选项组

- 源:电路中独立电源的名称。
- 起始值:主源的起始电压值。
- 停止值:主源的停止电压值。
- 增量:在扫描范围内指定步长值。

2.“源 2”选项组

勾选“使用源 2”复选框,在“源 1”的基础上执行对“源 2”的扫描分析,其选项设置与“源 1”相同,这里不再赘述。

5.3.5 参数扫描分析

参数扫描分析就是不断变化仿真电路中某个元件的参数,观察其参数值在一定范围内的变化对电路的直流工作点、瞬态变化及交流频率特性的影响。参数扫描分析的效果相当于对某个元件的每一个固定的元件参数值进行一次仿真分析,然后改变该参数值后,继续分析的效果。

参数扫描分析的仿真设置如下:执行“仿真”→“分析”→“参数扫描分析”命令,即可弹出“参数扫描分析”对话框,选择“分析参数”选项卡,如图 5-3-10 所示。

图 5-3-10 “参数扫描分析”对话框

1.“扫描参数”选项组

扫描参数:用于设置扫描的电路参数或器件的值,在下拉列表中可以进行选择,包括器件参数、模型参数和“Circuit parameters”(电路参数)3种。选择类型后,右侧出现不同的项目供下一步选择。

- 器件类型:选择需要扫描的器件类型。
- 名称:选择需要扫描的器件名称。
- 参数:选择需要扫描的器件参数。
- 当前值:设置需要扫描的器件当前值。
- 描述:设置需要扫描的器件的相关信息。

以上为前两种器件类型的扫描参数选项设置,当选择“Circuit parameters”(电路参数)时,右侧只有“参数”和“当前值”两个选项。

2.“待扫描的点”选项组

扫描变差类型:设置扫描类型,在下拉列表中可以进行选择,包括十倍频程、线性、倍频程和列表。选择不同的扫描类型时,右侧将会出现不同的输入文本框选项。

3.“更多选项”选项组

- 待扫描的分析:第二个扫描点的分析方式包括5种,如图5-3-11所示。当选择“交流分析”“单频交流分析”“瞬态分析”和“嵌套扫描”时,编辑分析按钮有效。单击该按钮,弹出相应的分析参数设置对话框,可设置分析参数。
- 将所有光迹归入一个图表:勾选该复选框,则参数扫描分析的结果将在图形上显示;否则,会对每一个扫描参数值单独绘制一个分析结果图。

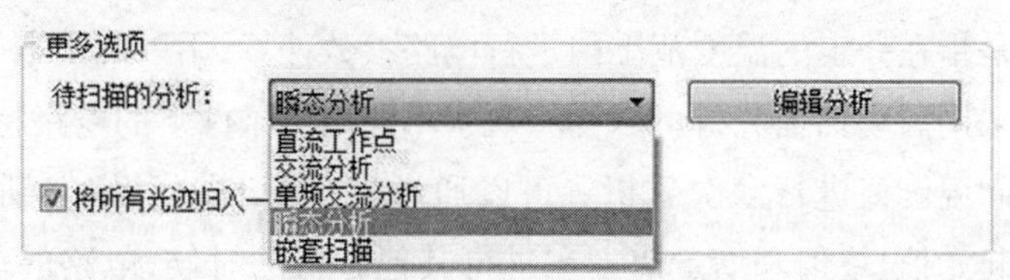

图5-3-11 扫描分析方式

5.3.6 其他分析

1.单频交流分析

单频交流分析即测试电路对某个特定频率的交流频率响应。

2.傅里叶分析

傅里叶分析是一种常用的分析复杂周期波形的数学方法,用于分析非正弦周期信号的直流分量、基波分量和谐波分量。即把被测节点处的时域变化信号作离散傅里叶变换,求出它的频域变化规律。在进行傅里叶分析时,必须先选择被分析的节点,一般将电路中的交流激励源的频率设定为基波频率。若在电路中有几个交流源时,可以将基波频率设定为这些频率的最小公倍数。

3. 噪声分析

噪声分析是用于分析噪声对电路性能的影响。电路中的电阻和半导体器件在工作时都会产生噪声,利用噪声谱密度来进行测量,可以定量地分析电路中噪声的大小。在分析时,先假定电路中各噪声源互不相关,分开计算各自噪声。在计算时,先将元件所产生的噪声信号全部折算到输入噪声参考点,然后计算该等效信号在指定测量节点的输出值。总噪声是各噪声在该节点的输出值均方根的和。

4. 噪声因数分析

噪声因数分析用来衡量噪声对信号的干扰程度。信噪比是一个衡量电子线路中信号质量好坏的重要参数。在 Multisim 13.0 中,噪声因数分析是指输入信噪比/输出信噪比的变化。

5. 失真分析

失真分析用于分析电子电路中的谐波失真和内部调制失真(互调失真),通常非线性失真会导致谐波失真,而相位偏移会导致互调失真。失真分析对于研究在瞬态分析中不易观察到、比较小的失真比较有效。

6. 灵敏度分析

灵敏度分析是指当电路中某个元件的参数发生变化时,分析它的变化对电路输出的节点电压和支路电流的影响,包括直流灵敏度分析和交流灵敏度分析。利用该分析结果,可以为电路中关键部位的元件指定错误值,并使用最佳元件进行替换。

7. 温度扫描分析

温度扫描是指在一定的温度范围内进行电路参数计算,用以确定电路的温度漂移等性能指标。采用温度扫描分析可以同时观察不同温度条件下的电路特性,相当于该元件每次取不同温度值进行多次分析。可以通过"温度扫描分析"对话框,选择被分析元件温度的起始值、终值和增量值。在进行其他分析的时候,电路的仿真温度默认值设定在27℃。

8. 极-零点分析

极-零点分析主要用于求解交流小信号电路传递函数的零点和极点,对电路的稳定性进行分析。该分析首先要计算直流工作点,依据非线性器件小信号线性化模型,通过仿真运行找出传输函数的零点和极点。如果传输函数的极点具有负实部,则电路是稳定的,否则电路在某些频率响应时将是不稳定的。

9. 传输函数分析

传输函数分析用于在交流小信号条件下,分析计算任意两个节点的电压或流经某元件的电流与作为输入变量的独立源之间的比值,同时计算出相应的输入阻抗和输出阻抗。在进行分析前应先对非线性元器件建立线性化模型,并进行直流工作点计算。

10. 最坏情况分析

最坏情况是指电路中的元件参数在其容差域边界点上取某种组合时所引起的电路性能的最大偏差，而最坏情况分析是一种统计分析方法，在给定电路元件参数容差的情况下，估算出电路性能相对于标称值时的最大偏差。

11. 蒙特卡洛分析

蒙特卡洛分析是采用统计分析方法来观察给定电路中的元器件参数容差的统计分布规律的情况下，用一组伪随机数求得元器件参数的随机抽样序列，对这些随机抽样序列进行直流、交流和瞬态分析，并通过多次分析结果估算出电路性能的统计分布规律。用这些分析的结果，可以预测电路元件批量生产时的合格率和生产成本。

12. 布线宽度分析

布线宽度分析是用来确定在设计印制电路板时所能允许的最小的导线宽度。

13. 批处理分析

批处理分析就是将同一个仿真电路的不同分析组合在一起依序执行的分析方式。

14. 用户自定义分析

用户自定义分析是指由用户通过 SPICE 命令来定义某些仿真分析的功能，以达到扩充仿真分析的目的，给用户带来比使用 Multisim 中的图形界面更多的自由空间，但用户需对 SPICE 知识有所了解。

5.4 常用虚拟仪器的使用

电路在仿真分析时，其运行状态和结果要通过测试仪器来显示。Multisim 13.0 提供了类型丰富的虚拟仪器，用户通过虚拟仪器可以分析运行结果，判断电路设计是否合理。

下面对电路实验中一些常用的虚拟仪器如数字万用表、函数信号发生器、功率表、示波器、波特测试仪、电压表和电流表等的使用加以简单说明。

5.4.1 数字万用表

数字万用表是一种多用途的数字显示的仪器。Multisim 13.0 提供的数字万用表与实际万用表相似，用来测量交直流电压、交直流电流、电阻以及电路中两点之间的分贝损耗，可以自动调节量程。

单击仪器工具栏中的万用表，在电路工作区中将出现如图 5－4－1 所示的万用表图标，双击该图标可以得到万用表参数设置面板，如图 5－4－2 所示。

- "A"按钮：测量电路中某支路的电流。测量时，数字万用表串联在待测支路中。
- "V"按钮：测量电路两节点之间的电压。测量时，数字万用表应与两节点并联。

• “Ω”按钮:测量电路两节点之间的电阻。被测节点与节点之间的所有元件当作一个“元件网络”。测量时,数字万用表应与“元件网络”并联,并确保元件周围没有电源连接。

• “dB”按钮:测量电路两节点之间电压降的分贝值。测量时,需将万用表连接到需要测试衰减的负载上。

• “ ~ ”按钮:按下表明万用表测量的是交流信号或 RMS 电压。

• “—”按钮:按下表明被测电压或电流信号是直流信号。

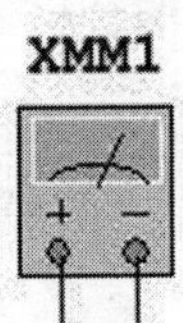

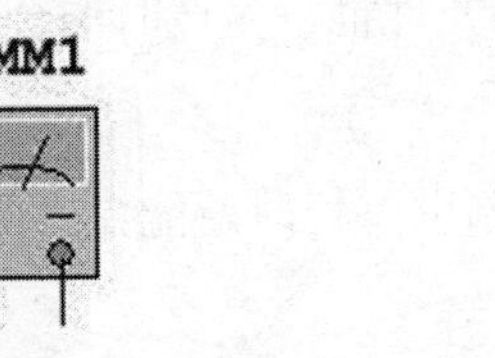

图 5-4-1　数字万用表图标

图 5-4-2　数字万用表面板

单击“设置(set)”按钮,弹出如图 5-4-3 所示的对话框,从中可设置数字万用表内部的参数。

(1)电子设置:安培计电阻(R)用于设置电流表内阻,其大小影响电流的测量精度;伏特计电阻(R)用于设置电压表内阻,其大小影响电压的测量精度;欧姆计电流(I)是指用欧姆表测量时,流过欧姆表的电流;dB 相对值(V)是指输入电压上叠加的初值,用以防止输入电压为零时,无法计算分贝值的错误。

(2)显示设置:用于设置电流表、电压表和欧姆表的测量范围。

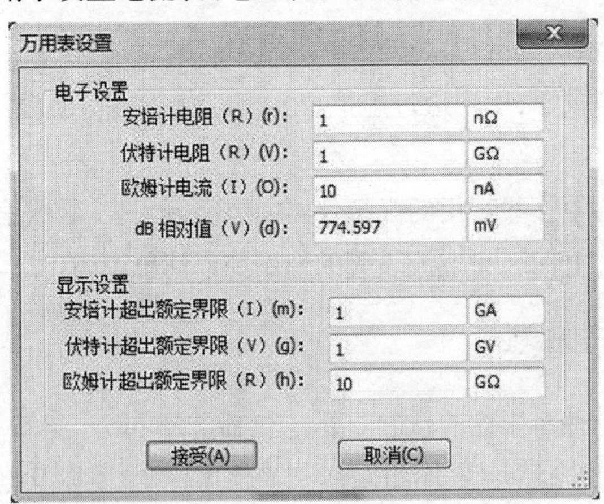

图 5-4-3　数字万用表参数设置对话框

5.4.2　函数信号发生器

函数信号发生器是一个可以提供正弦波、三角波和方波的电压信号源,用于模拟在实际工作中使用的待测设备的激励信号。双击图 5-4-4 所示的函数信号发生器图标，弹出参数设置控制面板，如图5－4－5所示。

函数信号发生器有3个引线端口：正极（＋）、负极（－）和公共端（Common）。连接“＋”和“Common”端子，输出信号为正极性信号；连接“－”和“Common”端子，输出信号为负极性信号；同时连接“＋”和“－”以及“Common”端子，并把“Common”端子与电路的和接地端（Ground）相连，输出两个幅值相等、极性相反的信号。

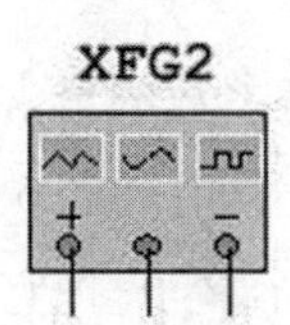

图5－4－4　函数信号发生器图标

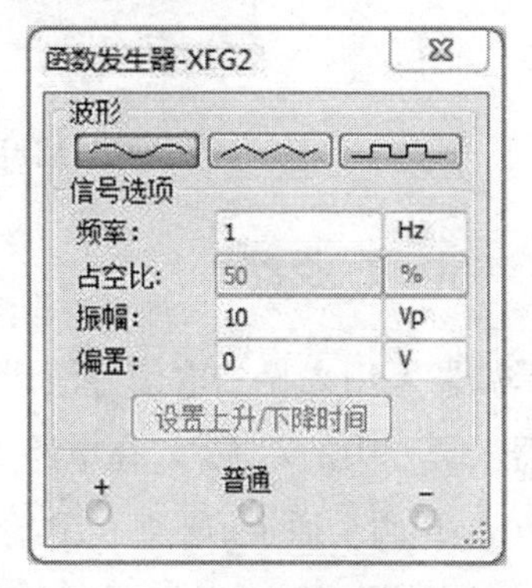

图5－4－5　函数信号发生器面板

函数信号发生器产生的波形的频率、幅度、占空比和直流偏置都可以通过相关设置进行调整，其频率范围很宽，几乎覆盖了交流、音频乃至射频的频率信号。

- 频率：用于设置输出信号的频率，可选范围为1fHz～1000THz。
- 占空比：用于设置输出的三角波和方波电压信号的占空比，设置范围为1%～99%。
- 振幅：用于设置输出信号的峰值，可选范围为1fVp～1000TVp。
- 偏置：用于设置输出信号的偏置电压，即设置输出信号中直流成分的大小。

对于方波信号，还可设置它的上升/下降时间。单击“设置上升/下降时间”按钮，弹出图5－4－6所示的参数设置对话框，可选范围为1ns～500ms，默认值为10ns。

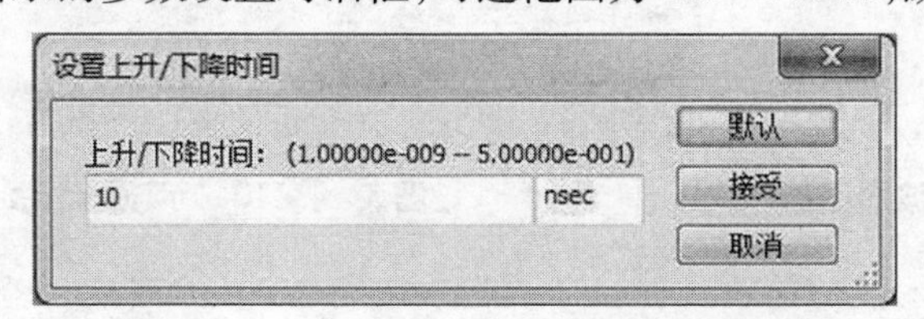

图5－4－6　设置上升/下降时间对话框

5.4.3　瓦特计

瓦特计又名功率表，可以用来测量交、直流电路的功率的仪器。单击仪器工具栏中的瓦特计，在电路工作区将出现如图5－4－7所示的瓦特计图标，双击该图标可以弹出瓦特计测量结果显示面板，如图5－4－8所示。面板上有电压、电流两对输入端子，电压输入端与测量电路并联连接，电流输入端与测量电路串联连接。上面的黑色条形栏用于显示所测得的功率，即电路的平均功率。下条形栏将显示功率因数，数值介于 0 ~ 1 之间。

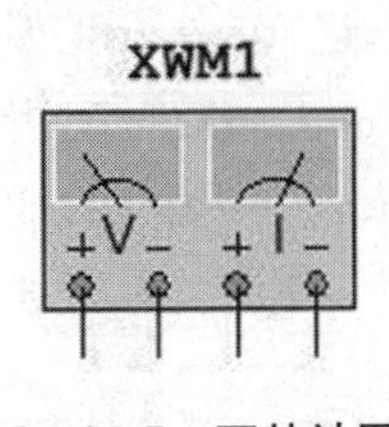

图 5 – 4 – 7　瓦特计图标

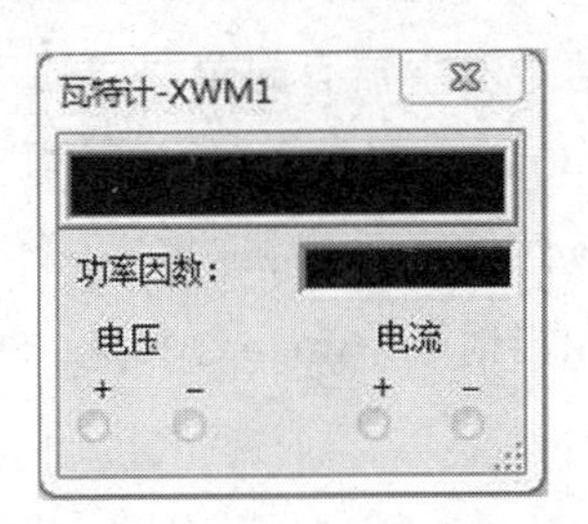

图 5 – 4 – 8　瓦特计面板

5.4.4　示波器

示波器是用来显示电信号波形的形状、大小、频率等参数的最常用仪器之一。单击仪器工具栏中的示波器,在电路工作区将出现示波器图标,如图 5 – 4 – 9 所示。示波器有 A、B 两个通道,通道 A、B 分别引出" + "" – "两个端子,把它跨接在被测电路两侧。双击该图标,可以打开示波器参数设置及显示输出波形面板,如图 5 – 4 – 10 所示。

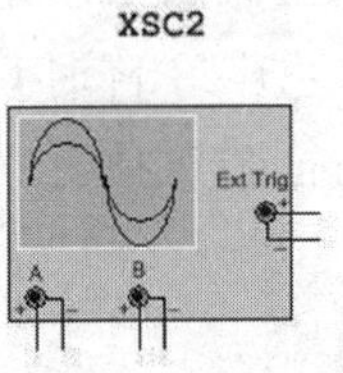

图 5 – 4 – 9　示波器图标

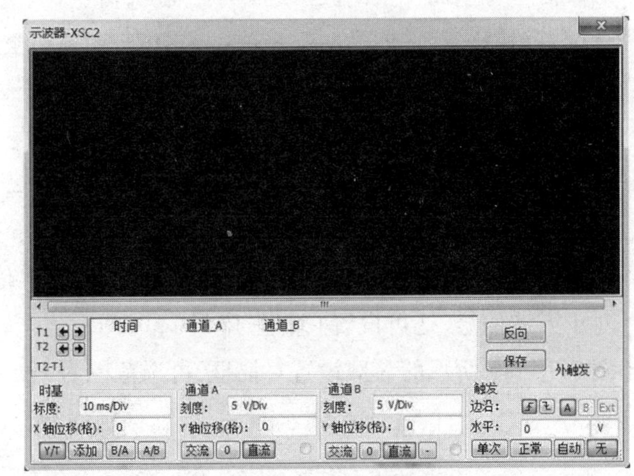

图 5 – 4 – 10　示波器面板

1. 时基区

- 标度:X 轴刻度选择,在示波器显示信号时,控制横轴梅格(Div)所代表的时间。单击标度右侧的选择框将弹出上/下拉按钮,通过调节为所显示的波形选择合适的时间基准。
- X 轴位移(格):调节时间基准的起始点位置,即控制信号在 X 轴的偏移位置。
- Y/T:选择 X 轴显示时间刻度、Y 轴显示电压信号幅度的显示方式,即信号波形随时间变换的显示方式,Y/T 是示波器的默认显示方式。
- 添加:选择 X 轴显示时间,Y 轴显示的信号为 A、B 两通道输入信号的叠加。
- B/A:将 A 通道信号作为 X 轴的扫描信号,B 通道的信号作为 Y 轴信号。一般为了比较B通道和A通道信号的频率、相位等参数的关系会选择该显示方式。

• A/B:与B/A相反。

2. 通道区

通道区用于双通道示波器输入通道的参数设置。通道A用于通道A的参数设置,通道B用于通道B的参数设置。

• 刻度:Y轴的刻度选择。控制在示波器显示信号时,Y轴每一格所代表的电压刻度。单击刻度右侧的输入框,可以选择合适的Y轴电压刻度,以便能在示波器的显示屏上观察到完整的信号波形。

• Y轴位移(格):用来调整示波器Y轴方向的原点,即波形在Y轴的偏移位置。单击Y轴位移右侧的输入框可以为显示信号选择合适的Y轴起点位置,正值使波形向上移动,负值使波形向下移动。

• 交流:交流耦合,滤除显示信号的直流部分,仅显示信号的交流部分。

• 0:没有信号显示,输出端接地。

• 直流:直流耦合,将显示信号的直流部分与交流部分叠加后进行显示。

3. 触发区

触发区用于设置示波器的触发方式。

• 边沿:触发边沿的选择设置,有上升沿和下降沿等选择方式。

• 水平:用于选择触发电平的大小。

• 单次:选择单脉冲触发。

• 正常:选择一般脉冲触发。

• 自动:自动触发方式,触发信号不依赖外部信号,一般情况下使用自动方式。

• A或B:表示用A通道或B通道的输入信号作为同步X轴时基扫描的触发信号。

• EXT:表示用示波器图标上的触发端子Ext Trig连接的信号作为触发信号来同步X轴时基扫描。

4. 测量数值显示区

T1对应着T1的游标指针,T2对应着T2的游标指针。单击T1右侧左右指向的两个箭头,可以将T1的游标指针在示波器的显示屏中移动,同理可以移动T2的游标指针。也可以在显示屏中通过鼠标左键来拖动T1、T2指针。当波形在示波器的显示屏中稳定显示后,通过左右移动T1和T2游标指针,在示波器显示屏下方的条形显示区中,对应显示T1和T2游标指针所对应的时间和相应时间所对应的A/B通道的波形幅值。

5. 其他功能设置

(1)设置信号波形显示颜色:只要在电路中设置A、B通道正向端连接导线的颜色,则波形显示颜色便与导线颜色相同。方法是双击要更改颜色的导线,在弹出的对话框中设置导线颜色;或者选中该连接线,单击鼠标右键,选中下拉列菜单中的“区域颜色”,在弹出的“颜色”对话框更改颜色。

(2)改变屏幕背景颜色:单击 反向 按钮,可以使背景颜色在黑色和白色之间切换。

(3)存储数据:对于当前测量的数据可以通过单击 保存 按钮进行存储。

Multisim 13.0 还提供4 通道示波器,使用方法与双通示波器相似,此处不再赘述。

5.4.5 波特测试仪

波特测试仪是一种用于测量和显示一个电路系统或放大器幅频特性和相频特性的仪器,是交流分析的重要工具,类似于实际电路测量中常用的扫频仪。单击仪器工具栏中的波特测试仪,在电路工作区将出现波特测试仪图标,如图 5-4-11 所示。波特测试仪有 4 个连接端,左边 IN 是输入端口,其“+”“-”分别与电路输入端的正负端子相连;右边 OUT 是输出端口,其“+”“-”分别与电路输出端的正负端子相连。由于波特测试仪本身没有信号源,所以在使用时,必须在电路的输入端接入一个交流信号源。信号源由波特测试仪自行控制,无需对其参数进行设置。

双击波特测试仪的图标,可以得到其内部参数设置控制面板,如图 5-4-12 所示。

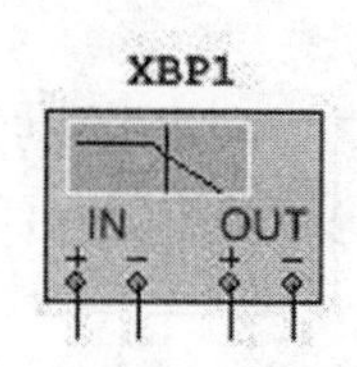

图 5-4-11 波特测试仪图标

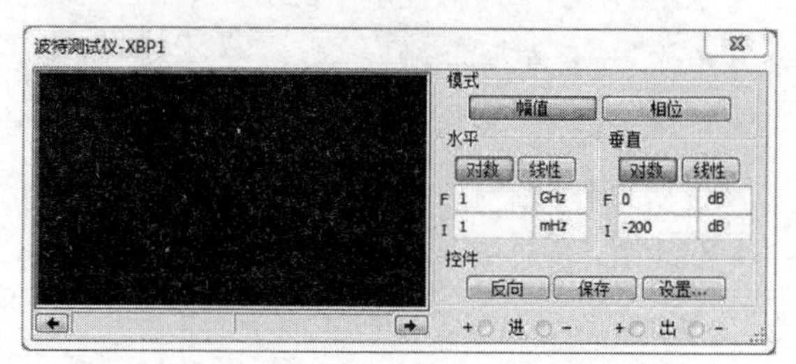

图 5-4-12 波特测试仪面板

1. 模式区

模式区为输出方式选择区域。

- 幅值:用于选择显示被测电路的幅频特性曲线。
- 相位:用于选择显示被测电路的相频特性曲线。

2. 水平区

水平区为水平坐标的频率显示格式设置区。

- 对数:水平坐标采用对数的显示格式。
- 线性:水平坐标采用线性的显示格式。
- F:水平坐标(频率)的最大值。
- I:水平坐标(频率)的最小值。

3. 垂直区

垂直区为垂直坐标的显示格式设置区，与水平区类似，这里不再赘述。

4. 控件区

控件区为输出控制区。

- 反向：将波特测试仪的显示屏背景色由黑色改为白的。
- 保存：保存显示的频率特性曲线及其相关的参数设置。
- 设置：设置扫描的分别率。分辨率越高，扫描时间越长，曲线越平滑。

5.4.6　电压表和电流表

Multisim 13.0 还提供了虚拟电压表和电流表，它们存放在指示元器件库中，在使用中数量没有限制，如图 5－4－13 所示。电压表用来测量电路中两点间的电压，测量时应将电压表与被测电路的两点并联；电流表用来测量电路回路中的电流，测量时应将电流表串联在被测电路回路中。

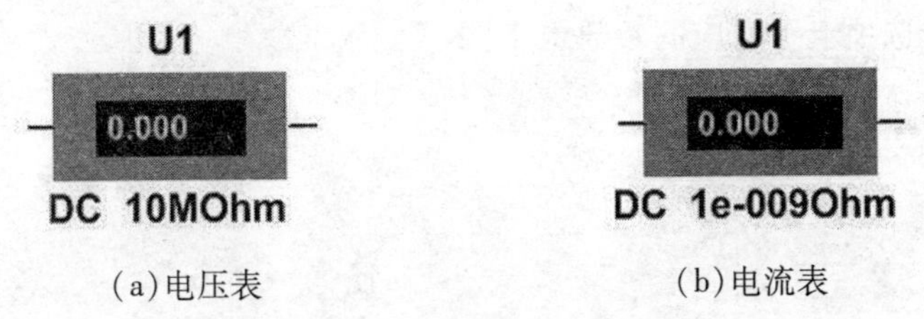

(a)电压表　　(b)电流表

图 5－4－13　电压表和电流表

5.5　仿真电路的创建

NI Multisim 13.0 仿真电路的创建包括建立电路文件、放置元器件、导线操作、电路图界面的设置以及为电路添加文本、添加虚拟仪器仪表等内容。

1. 建立电路文件

运行 Multisim 13.0 之后，就会自动打开名为“设计 1”的空白窗口，它是用户创建仿真电路的绘图工作区域。在进行某个电路实验前，用户通常需考虑该工作区域应如何布置，如需要多大操作空间，元件及仪器仪表放在什么位置等。

2. 放置元器件

Multisim 13.0 提供了三个层次的元件数据库，具体包括主元件库（Master Database）、合作元件库（Corporate Database）和用户元件库（User Database）。主元件库是系统建立的，用户对主元件库中的元器件和表示方式没有修改权。后两类元件库由用户或合作人创建，新安装的 Multisim 13.0 中这两个数据库是空的。

放置元器件的方法一般包括：鼠标左键单击菜单栏中的“绘制”→“元器件”命令；鼠标左键单击元器件工具栏中的图标；绘图工作区右击鼠标，点击弹出菜单中的

“放置元器件”;利用快捷键 Ctrl + W。通过以上方法打开元器件选择对话框,如图 5 - 5 - 1所示,选中所需的元器件,单击右侧的“确认”按钮,则被选中的元器件就会出现在绘图工作区,移动光标,用鼠标拖曳该元器件至适当位置即可。

1)元器件操作

在放置元器件时,需要对元器件进行移动、复制、删除、旋转等一系列操作。选中元器件,单击鼠标右键,弹出的菜单中出现图 5 - 5 - 2 所示的菜单命令,可实现元器件的复制、删除、旋转等操作。

元器件的移动可通过拖曳实现。若要移动一个元器件,只要拖曳该元器件即可;要移动一组元器件,必须选中这些元器件,然后拖曳其中任意一个元器件,则所有选中的元器件就会一起移动。

2)元器件参数设置

为了使元器件的参数符合电路要求,有必要修改元器件的参数设置。双击元器件,弹出相关对话框,如图 5 - 5 - 3 所示,可以设置或编辑元器件的各种特性参数。元器件不同,每个选项卡下对应的参数也不同。

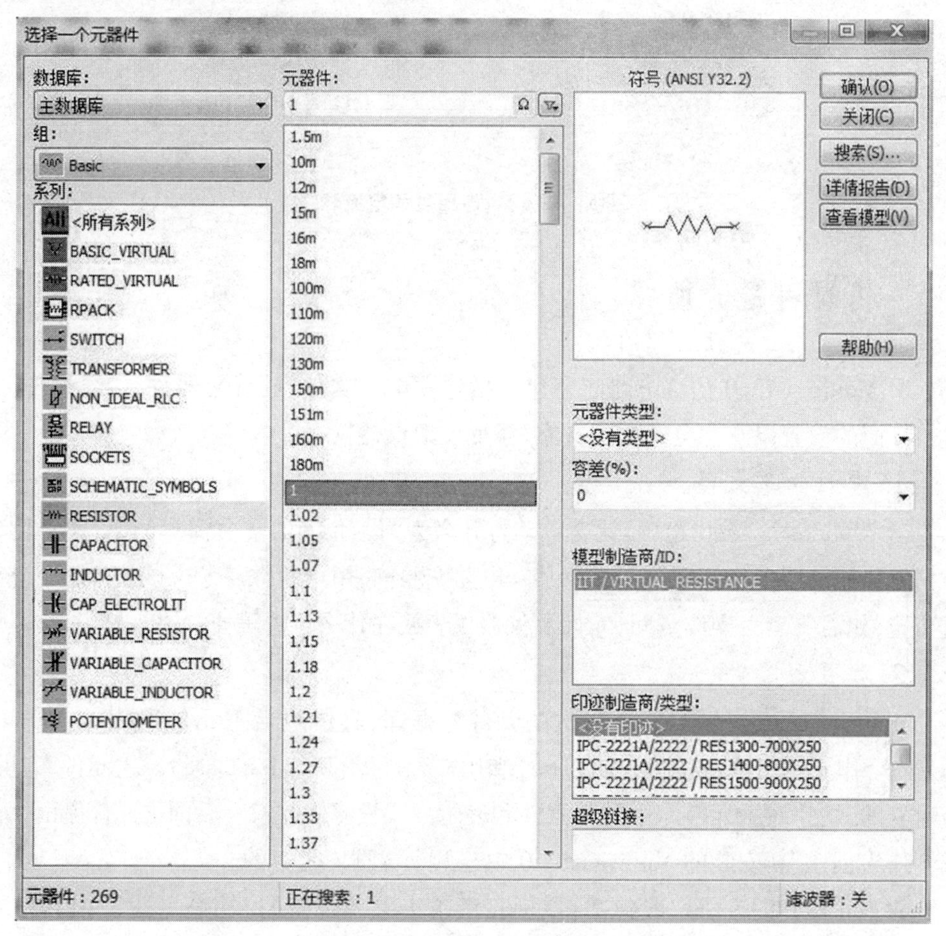

图 5 - 5 - 1　元器件库对话框

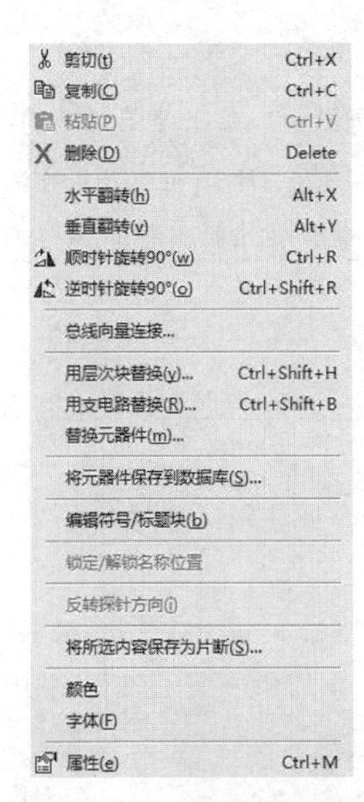

图5-5-2 元器件操作菜单

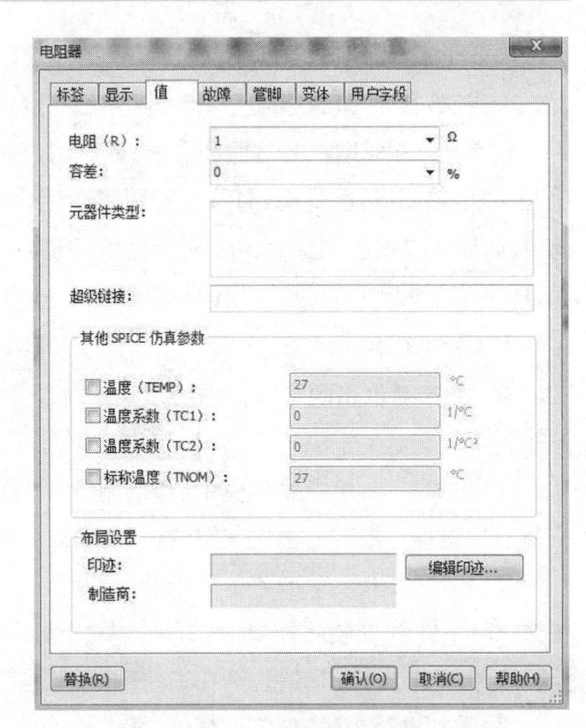

图5-5-3 元器件参数设置对话框

3. 导线操作

待所有的元器件放置于工作区后，就需要使用导线把它们按一定顺序连接起来，构成完整的电路图。

(1)导线的连接：将鼠标移动到所要连接的元器件的某个引脚上时，鼠标指标会变成中间有实心黑点的十字形。单击左键后，再次移动鼠标，就会拖出一条黑实线。将此黑实线移动到所要连接的其他元件的引脚时，再次单击鼠标，这时就会将两个元器件的引脚连接起来，同时导线的颜色由黑色变成红色。

(2)导线的修改：用鼠标单击准备修改的导线，被选中的导线上会出现一些蓝色的实心小方块，用鼠标指向导线时会出现双箭头，此时按住鼠标左键拖曳，可以修改导线。

(3)导线的删除：用鼠标单击准备删除的导线，单击 Delete 键或单击右键执行 Delete命令删除连线。

(4)导线的颜色：复杂电路中的导线可以根据需要设置成不同的颜色。选中要改变颜色的导线，单击鼠标右键，在弹出的快捷菜单中选择颜色，选择合适的导线颜色后单击“确认”按钮即可完成导线颜色的设定。

(5)连接点的使用：导线的连接点是小圆点，最多可以连接来自4个不同方向的导线。在绘制菜单下选择“结”命令后，在合适的位置上单击鼠标左键可以放置连接点，并可以将连接点插入到导线中，此时导线被一分为二。

(6)在导线中插入元器件：将需要插入的元器件直接拖曳至导线上，然后释放即可将元器件插入到导线中间。

4. 电路图界面设置

为了适应不同用户的习惯和需求，要对用户界面进行设置。单击菜单栏中的“选项”→“电路图属性”命令，打开电路图属性对话框，用于设置与电路显示方式相关的选项，如界面的颜色、电路尺寸、线条宽度、缩放比例、元器件属性显示等作相应的设置，目的是方便电路的创建、分析和观察。

5. 添加文本

为了便于对电路的理解，需要为电路添加各种文本，如文字、标题栏以及电路描述窗等。

(1)添加文字：单击菜单栏中的“绘制”→“文本”命令或使用快捷键 Ctrl + Alt + A，然后用鼠标单击需要输入文字的位置，输入相应的文字。

(2)添加标题栏：单击菜单栏中的“绘制”→“标题块”命令，弹出“打开”对话框，在 Multisim 13.0 安装路径下的 Titleblocks 子目录内存放着 10 个标题栏文件，从中选择某一个，单击“打开”按钮，则在工作区显示相应的标题栏。

(3)添加电路描述窗：单击菜单栏中的“工具”→“描述框编辑器”命令，在弹出的电路描述窗中输入说明文字，也可插入图片、声音和视频。在需要查看时打开，否则关闭，不会占用电路工作区的空间。

6. 添加仪器仪表

Multisim 13.0 提供了 20 多种虚拟仪表，可以用它来测量仿真电路的性能参数。这些仪表的设置、使用和数据读取方法和实际仪器仪表一致，外观也很相似。用鼠标左键单击仪器工具栏中需要添加的仪器仪表，将它拖曳至电路合适位置，再次单击鼠标左键即可添加仪器仪表。将仪器仪表上的连接端与相应电路连接点相连，连接方法与元器件连线类似。双击仪器仪表打开其面板，用鼠标操作面板上相关按钮及参数来设置仪器仪表的参数。

5.6 基于 NI Multisim 13.0 的电路仿真实验

5.6.1 网孔电流法与节点电压法

一、实验目的

(1)熟悉网孔电流法和节点电压法，加深对参考方向的理解。

(2)熟悉 Multisim 13.0 软件的使用方法。

(3)掌握网孔电流法和节点电压法的测试方法。

二、实验原理与说明

1. 网孔电流

将电路画在平面上，内部不含支路的回路为网孔，沿每个网孔连续流动的假想电流，称为网孔电流。

网孔电流法是以网孔电流为未知量，利用基尔霍夫电压定律（KVL）建立方程，求解未知量的方法。一般来讲，对于 m 个网孔的电路有 m 个独立的网孔电流方程。

对具有 m 个网孔的平面电路，网孔电流方程的一般形式为

$$\begin{cases} R_{11}i_{m1}+R_{12}i_{m2}+R_{13}i_{m3}+\cdots+R_{1m}i_{mm}=u_{S11} \\ R_{21}i_{m1}+R_{22}i_{m2}+R_{23}i_{m3}+\cdots+R_{2m}i_{mm}=u_{S22} \\ \cdots \\ R_{m1}i_{m1}+R_{m2}i_{n2}+R_{m3}i_{n3}+\cdots+R_{mm}i_{mm}=u_{Smm} \end{cases}$$

2. 节点电压

当电路有 n 个节点时，可任取其中一个节点作为参考节点，并设该节点电位为零，其余的 $(n-1)$ 个节点为独立节点，每个独立节点与参考节点之间的电压称为节点电压。

节点电压法是以节点电压为未知量，利用基尔霍夫电流定律（KCL）建立方程，求解未知量的方法。一般来讲，对于 n 个节点的电路有 $(n-1)$ 个独立的节点电压方程。

若任取一个节点为参考节点，以其余 $(n-1)$ 个独立节点的节点电压为求解量，则所列写的节点电压方程的一般形式为

$$\begin{cases} G_{11}u_{n1}+G_{12}u_{n2}+G_{13}u_{n3}+\cdots+G_{1(n-1)}u_{n(n-1)}=i_{S11} \\ G_{21}u_{n1}+G_{22}u_{n2}+G_{23}u_{n3}+\cdots+G_{2(n-1)}u_{n(n-1)}=i_{S22} \\ \cdots \\ G_{(n-1)1}u_{n1}+G_{(n-1)2}u_{n2}+G_{(n-1)3}u_{n3}+\cdots+G_{(n-1)(n-1)}u_{n(n-1)}=i_{S(n-1)(n-1)} \end{cases}$$

三、实验内容与步骤

1. 网孔电流法仿真分析

（1）在 Multisim 13.0 工作区建立仿真电路图，如图 5-6-1 所示，采用指示仪表中的电流表直接测量的方法。假设流经图中 3 个网孔中的电流都是顺时针方向，点击仿真开关，各电流表显示数据即为各网孔电流。

（2）采用直流工作点分析方法，点击菜单栏中“仿真”→“分析”→“直流工作点分析”，把各网孔电流变量添加到“已选定用于分析的变量”列表框中，点击“仿真”，求出各网孔电流，记入表 5-6-1 中。

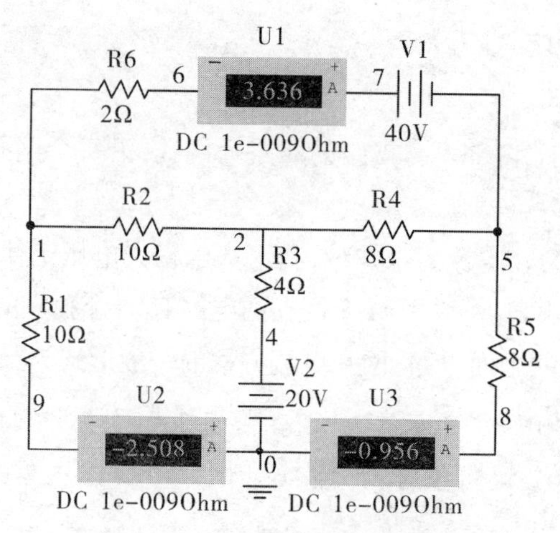

图 5－6－1　网孔电流法电路图

表 5－6－1　网孔电流法测量数据

网孔电流/mA	计算值	直流分析	绝对误差	相对误差
I_1				
I_2				
I_3				

2. 节点电压法仿真分析

(1)在 Multisim 13.0 工作区建立仿真电路图,如图 5－6－2 所示,选 0 电位点为参考节点,A、B、C 为独立节点。采用指示仪表中的电压表直接测量的方法,点击仿真开关 ,各电压表显示数据即为各节点电压。

(2)采用直流工作点分析方法,点击菜单栏中“仿真”→“分析”→“直流工作点分析”,把各节点电压变量添加到“已选定用于分析的变量”列表框中,点击“仿真”,求出各节点电压,记入表 5－6－2 中。

(3)选择其他节点为参考节点,重复以上内容测量,表格自拟。

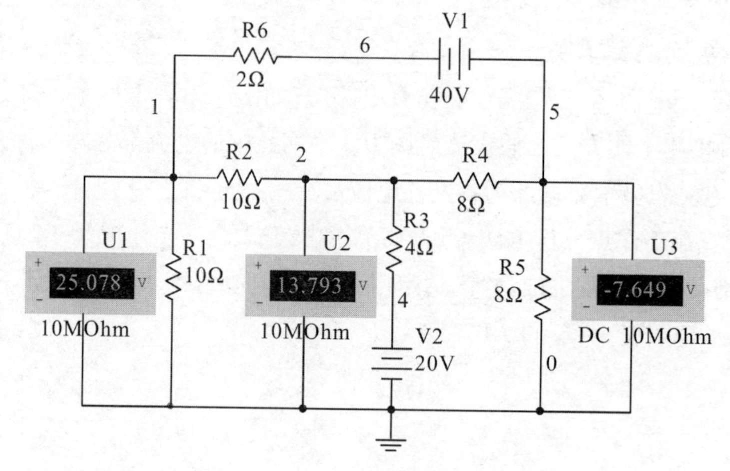

图 5－6－2　节点电压法电路图

表5-6-2 节点电压法测量数据

节点电压/V	计算值	直流分析	绝对误差	相对误差
U_A				
U_B				
U_C				

四、分析与讨论

(1)仪表直接测量与直流工作点分析两种方法有什么不同?

(2)参考点不同,各节点的电位与节点之间的电压有何变化?

(3)电压表或电流表的极性接反了,会出现什么样的结果?

五、实验报告

(1)完成数据表格中的计算,对误差进行必要的分析。

(2)比较分析直接测量与直流工作点分析两种方法的特点。

(3)总结电位相对性与电压绝对性的结论。

5.6.2 受控源与集成运放

一、实验目的

(1)了解受控源 VCVS、VCCS、CCVS、CCCS 的特性。

(2)测量受控量与控制量的关系,深化对受控源原理的理解。

(3)了解由集成运放组成的各类受控源的原理和方法,理解受控源的实际意义。

二、实验原理与说明

受控源是一种理想电路元件,它具有与独立源完全不同的特点,它反映的是电路中某处的电压或电流能够控制另一处的电压或电流的关系。根据受控量和控制量的不同,受控源有电压控制电压源(VCVS)、电压控制电流源(VCCS)、电流控制电压源(CCVS)、电流控制电流源(CCCS)四种,如图5-6-3所示。

受控源常用来描述晶体管、场效应管、运算放大器等电子器件中所发生的物理现象。理想的运算放大器电路模型实际为一个受控源,它具有以下重要性质:当输出端与反向输入端(-)之间接入电阻等元件时,形成反馈。这时,反向端(-)与同向端(+)是等电位的,称为"虚短";理想运算放大器的输入电阻很高,因此输入端电流近似等于零,称为"虚断"。以上性质是简化、分析含运算放大器电路的重要依据。

由运算放大器构成的受控源有4种。

1. 电压控制电压源(VCVS)

由运算器构成的电压控制电压源如图5-6-4所示,因为 $U_+ = U_- \approx U_1$, $I_- \approx 0 \Rightarrow I_1 = I_2$,所以得到其对应关系

$$U_L = \left(1 + \frac{R_2}{R_1}\right) U_i$$

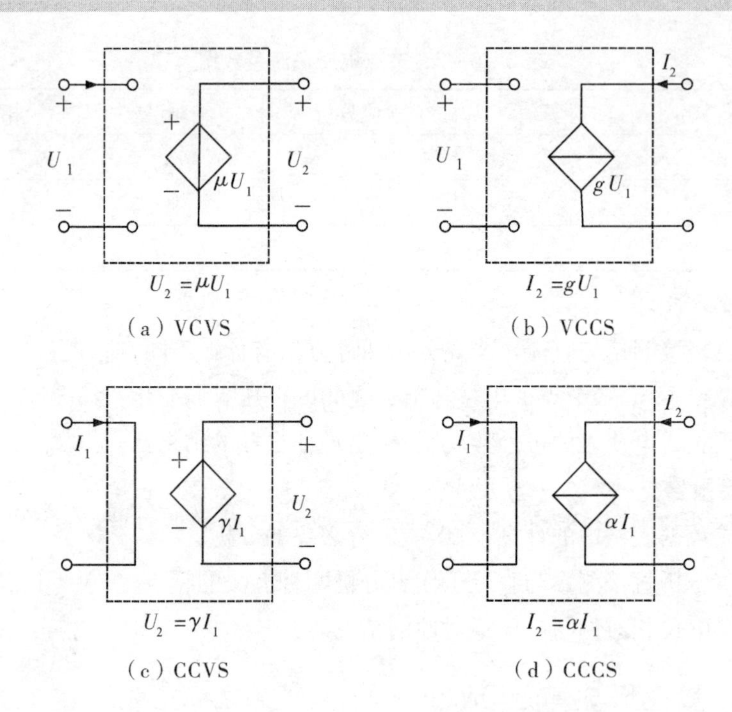

图 5－6－3　受控源

2. 电压控制电流源(VCCS)

由运算器构成的电压控制电流源如图 5－6－5 所示,同样满足 $U_+ = U_- \approx U_1$, $I_- \approx 0$,可以清楚地表明其对应关系

$$I_L = I_1 = \frac{1}{R_1} U_i$$

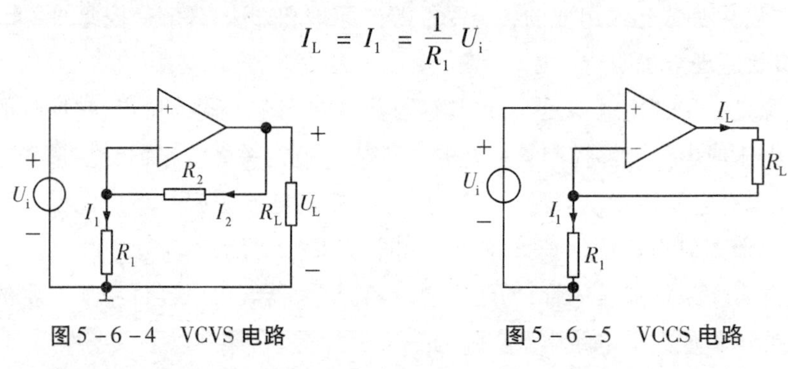

图 5－6－4　VCVS 电路　　　　图 5－6－5　VCCS 电路

3. 电流控制电压源(CCVS)

由运算器构成的电流控制电压源如图 5－6－6 所示,因为 $U_+ \approx U_- = U_1$, $I_+ \approx 0 \Rightarrow I_i = I_2$,则可以得到其对应关系

$$U_L = -\frac{R_2}{R_1} U_1 = -R_2 I_i$$

4. 电流控制电流源(CCCS)

由运算器构成的电流控制电流源如图 5－6－7 所示,因为 $U_+ \approx U_- = 0$, $I_- \approx 0$,则可以得到 $U_a = -I_i R_1 = I_2 R_2$, $I_2 = \frac{U_a}{R_2} = -\frac{R_1}{R_2} I_i$,所以其对应关系为

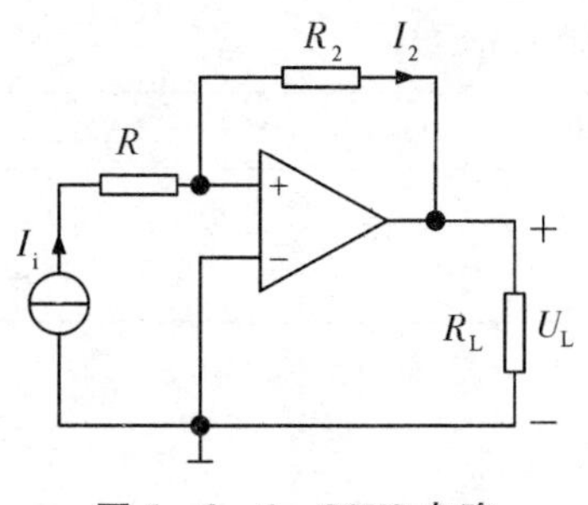

图5-6-6　CCVS电路

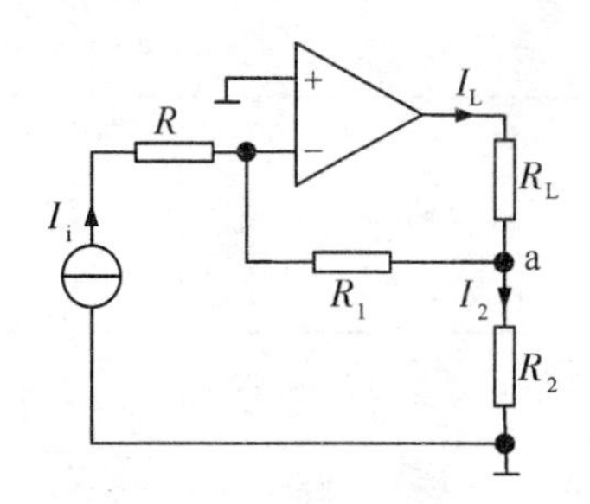

图5-6-7　CCCS电路

$$I_L = I_2 - I_i = -\left(1 + \frac{R_1}{R_2}\right) I_i$$

三、实验内容与步骤

实验中选用LM741H型集成运算放大器来研究受控源电路的转移特性和负载特性。

1. VCVS特性的仿真

1) VCVS转移特性

在Multisim 13.0工作区按图5-6-8所示建立VCVS受控源仿真电路图，分别按照表5-6-3中给定的电压值调整电压源V_1的输出。采用指示仪表中的电压表直接测量的方法，点击仿真开关，电压表显示的数据即为输出电压，并将仿真数据记入表5-6-3中。另外，还可以通过直流扫描分析得到如图5-6-9所示的VCVS的转移特性图。

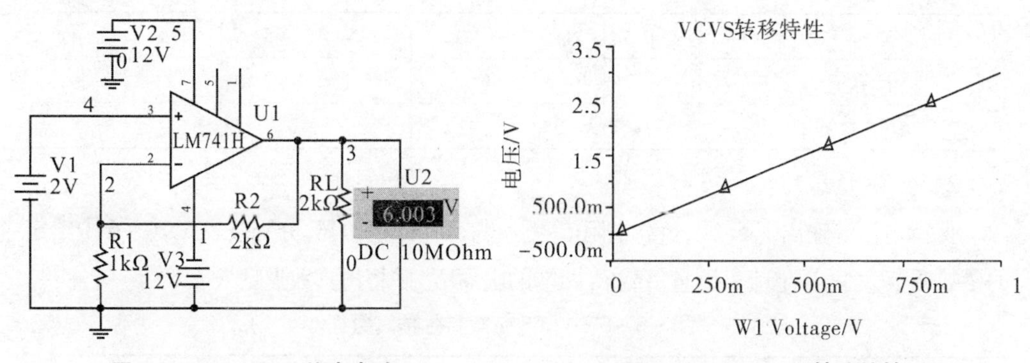

图5-6-8　VCVS仿真电路　　　图5-6-9　VCVS转移特性

表5-6-3　VCVS转移特性仿真数据

V_1/V		0	1	2	3	4	5	6	
U_L/V	计算值								
	仿真数据								

2) VCVS负载特性

保持电压源输出V_1=2V，负载电阻R_L更换为2kΩ电位器，分别按表5-6-4中给定的参数调节大小，用电压表测量负载R_L两端的电压U_L，并将仿真数据记入表5-6-4中。

表 5-6-4　VCVS 负载特性仿真数据

R_L/Ω		50	70	100	200	500	800	1000	2000
U_L/V	计算值								
	仿真数据								

2. VCCS 特性的仿真

1) VCCS 转移特性

按图 5-6-10 给定参数绘制仿真电路图，分别按照表 5-6-5 中给定的电压值调整电压源 V_1 的输出，点击仿真开关得到数据，并将仿真数据记入表 5-6-5 中。

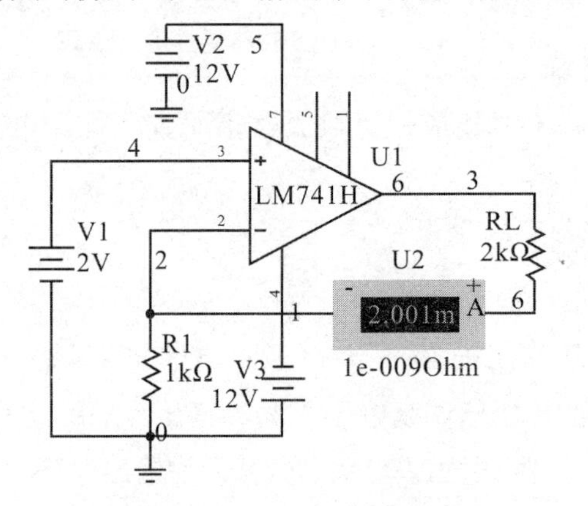

图 5-6-10　VCCS 仿真电路

表 5-6-5　VCCS 转移特性仿真数据

V_1/V		0	1	1.5	2	2.5	3	3.5	4
I_L/mA	计算值								
	仿真数据								

2) VCCS 负载特性

保持电压源输出 $V_1=2V$，负载电阻 R_L 更换为 50 kΩ 电位器，分别按表 5-6-6 中给定的参数调节大小，用电流表测量负载 R_L 两端的电压 I_L，并将仿真数据记入表 5-6-6 中。

表 5-6-6　VCCS 负载特性仿真数据

$R_L/k\Omega$		0.1	0.5	1	3	5	10	20	50
I_L/mA	计算值								
	仿真数据								

3. CCVS 特性的仿真

1) CCVS 转移特性

按图 5-6-11 给定参数绘制仿真电路图，分别按照表 5-6-7 中给定的电流值调整电流源输出，点击仿真开关，并将仿真数据记入表 5-6-7 中。图 5-6-12 是 CCVS 的转移特性仿真图。

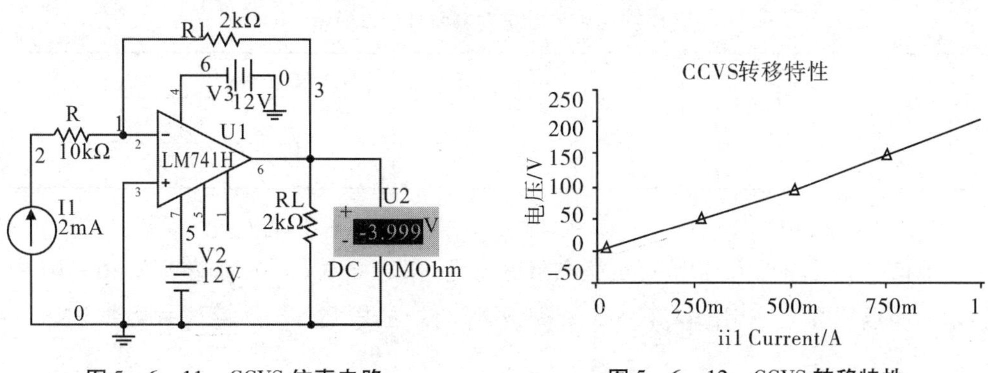

图5－6－11　CCVS 仿真电路　　　　图5－6－12　CCVS 转移特性

表5－6－7　CCVS 转移特性仿真数据

I_1/mA		0	0.5	1	1.5	2	2.5	3	3.5
U_L/V	计算值								
	仿真数据								

2)CCVS 负载特性

保持电流源输出 $I_1=2\text{mA}$,负载电阻 R_L 更换为 50kΩ 电位器,分别按表5－6－8中给定的参数调节大小,用电压表测量负载 R_L 两端的电压 U_L,并将仿真数据记入表5－6－8中。

表5－6－8　CCVS 负载特性仿真数据

R_L/kΩ		0.05	0.1	0.5	1	10	20	30	50
U_L/V	计算值								
	仿真数据								

4. CCCS 特性的仿真

1)CCCS 转移特性

按图5－6－13给定参数绘制仿真电路图,分别按照表5－6－9中给定的电流值调整电流源的输出,点击仿真开关得到数据,并将仿真数据记入表5－6－9中。

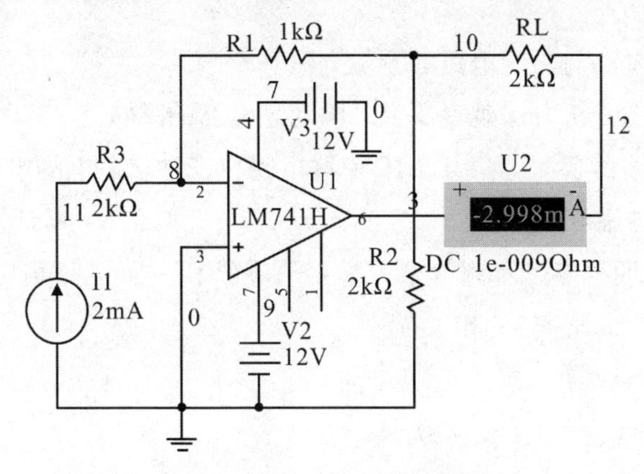

图5－6－13　CCCS 仿真电路

表 5-6-9　CCCS 转移特性仿真数据

I_1/mA		0	1	2	3	4	5	6	7
I_L/mA	计算值								
	仿真数据								

2) CCCS 负载特性

保持电流源输出 $I_1=2$mA，负载电阻更换为 50kΩ 电位器，分别按表 5-6-10 中给定的参数调节大小，用电流表测量负载 R_L 两端的电压 I_L，并将仿真数据记入表 5-6-10中。

表 5-6-10　CCCS 负载特性仿真数据

R_L/kΩ		0.05	0.1	0.5	1	10	20	30	50
I_L/mA	计算值								
	仿真数据								

四、分析与讨论

(1)受控源和独立源相比有何异同点？比较 4 种受控源的电路模型，控制量和受控量的关系如何？

(2)若受控源控制量极性反向，其输出极性是否发生变化？

(3)受控源的控制特性是否适合交流信号？

五、实验报告

(1)完成数据表格中的计算，并与仿真数据进行比较，试分析产生误差的原因。

(2)根据实验数据，分别绘出 4 种受控源的转移特性和负载特性曲线。

(3)对实验结果作出合理的分析和结论，总结对 4 种受控源的认识和理解。

(4)学习使用运算放大器，总结其特点。

5.6.3　动态电路的仿真

一、实验目的

(1)掌握一阶电路与二阶电路的测量方法。

(2)学会用瞬态分析方法观察研究一阶动态电路的零状态、零输入和全响应。

(3)学会用示波器观测二阶 R、L、C 串联电路在三种状态下的电容电压响应曲线。

二、实验原理与说明

实验原理与说明可参考本教材第 4 章 4.7 节(RC 一阶电路响应的测试)、4.8 节(二阶电路动态响应的研究)的相关描述。

三、实验内容与步骤

1. 一阶 RC 动态电路仿真分析

在线性电路中，一阶 RC 电路的全响应等于零状态响应和零输入响应之和。通过对电容的充放电过程进行仿真，了解 RC 一阶电路的零状态响应、零输入响应和全响应的变化规律。

1）零状态响应

按图 5－6－14 给定参数绘制 RC 仿真电路图，执行菜单“仿真”→“分析”→“瞬态分析”命令，弹出“瞬态分析”对话框。在“分析参数”选项卡中设置初始条件为“设为零”，即储能元件电容上没有初始储能。设置瞬态分析参数的起始时间为“0s”，结束时间为“0.01s”。在“输出”选项卡中设置分析参数 V(3)。单击仿真按钮得到 RC 电路的零状态响应曲线如图 5－6－15 所示。

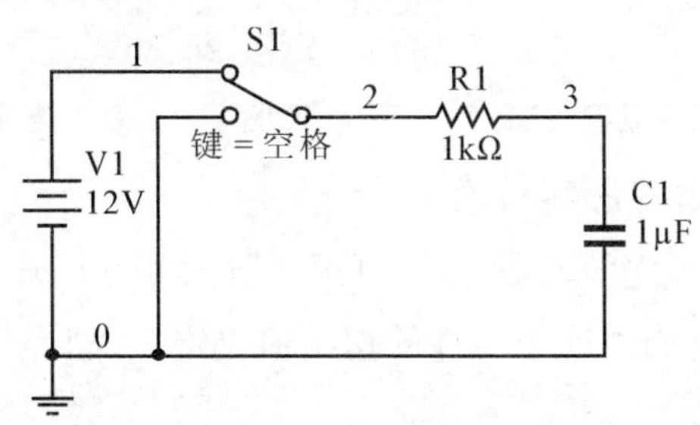

图 5－6－14　一阶 RC 充放电仿真电路

2）零输入响应

将开关 S1 接地，双击电路中的电容，打开电路参数对话框，在“值”选项卡中勾选“初始条件”选项，并设置电容电压初始值为 10V。执行菜单“仿真”→“分析”→“瞬态分析”命令，在“分析参数”选项卡中设置初始条件为“用户自定义”，设置瞬态分析参数的起始时间为“0s”，结束时间为“0.01s”。在“输出”选项卡中设置分析参数 V(3)。单击仿真按钮可得到 RC 电路的零输入响应曲线，如图 5－6－16 所示。

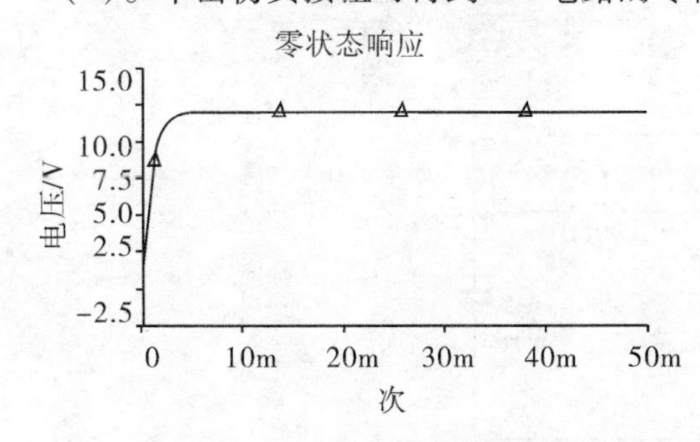

图 5－6－15　一阶 RC 电路零状态响应曲线图

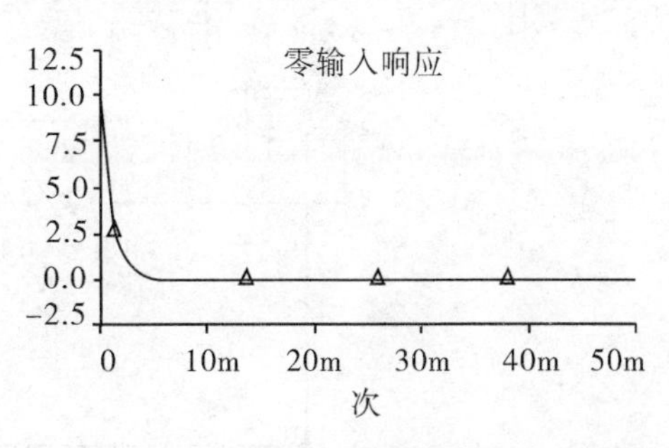

图 5－6－16　一阶 RC 电路零输入响应曲线

3）全响应

按图 5－6－17 所示放置元器件，连接电路。双击函数信号发生器，在“参数”对话框中选择方波信号，设置信号频率为 300Hz，占空比为 50%，幅值为 10V。设置完毕后单击仿真开关按钮，双击示波器图标打开示波器面板显示窗口，适当调整时基扫描周期和 A 通道扫描周期，在示波器上可得到输入方波信号和 RC 电路电容电压的全响应波形，如图 5－6－18 所示。

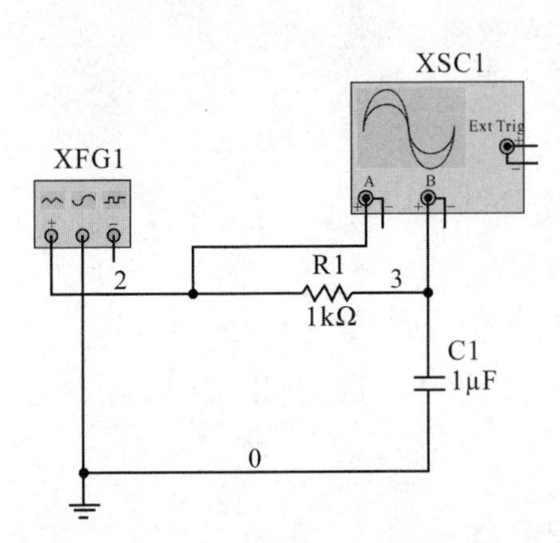

图 5－6－17　一阶 RC 全响应仿真电路

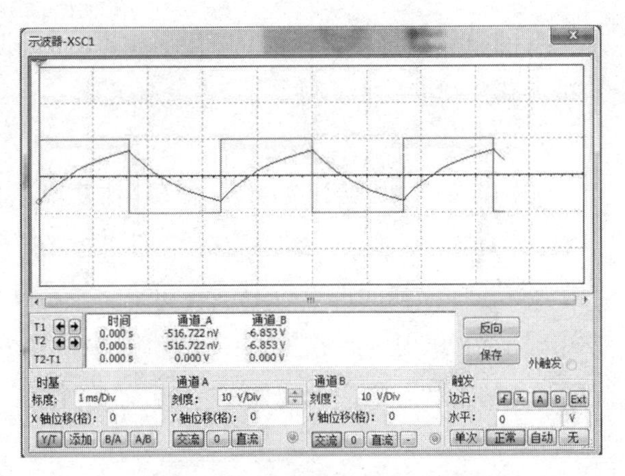

图 5－6－18　电容电压仿真波形

2. 二阶 R、L、C 动态电路仿真分析

二阶电路含有两个独立的动态元件，可用二阶微分方程来描述。在二阶电路中，已知初始条件有两个，它们由动态元件的初始值决定。R、L、C 串联电路是最简单的二阶电路。

按图 5－6－19 所示绘制二阶 R、L、C 动态电路的仿真图，选用满量程为 10kΩ 的电位器 R_1，并将其属性对话框中“值”选项卡的“增量值”改为 1，两个动态元件分别为 $L=100\text{mH}$，$C=0.01\mu\text{F}$，由理论分析可知

$$R_d = 2\sqrt{\frac{L}{C}} \approx 6.32\ (\text{k}\Omega)$$

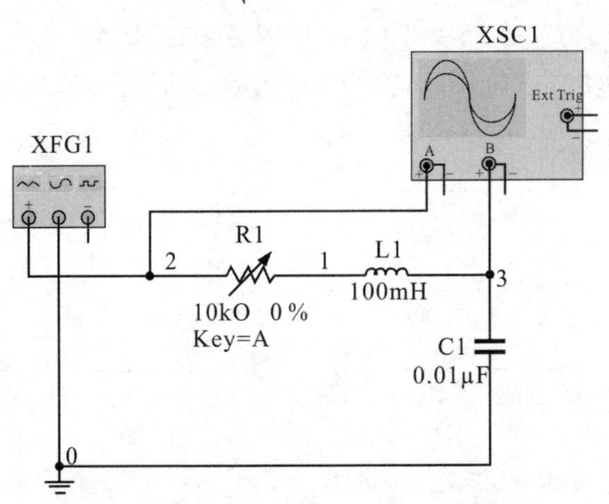

图 5－6－19　二阶动态响应的仿真电路

当 $R<R_d$ 时，电路处于欠阻尼的衰减振荡状态；当 $R>R_d$ 时，电路处于过阻尼的非振荡状态；当 $R=R_d$ 时，电路处于临界阻尼的非振荡状态；当 $R=0$ 时，电路处于无阻尼状态。

为了方便观测，选用频率为 500Hz、占空比为 50% 的方波信号作为激励源。单击仿真开关按钮，通过自定义按键“A”小幅调节电位器阻值，可观察过阻尼、临界阻尼、

欠阻尼及无阻尼时的输入方波信号和二阶 R、L、C 电路电容电压的响应曲线，如图 5 – 6 – 20所示。

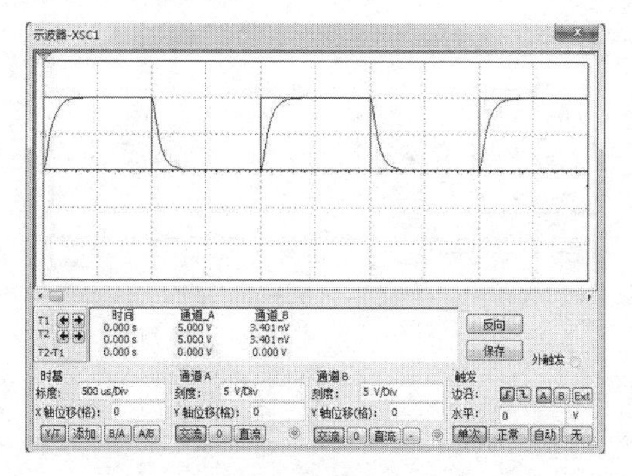

(a)过阻尼曲线

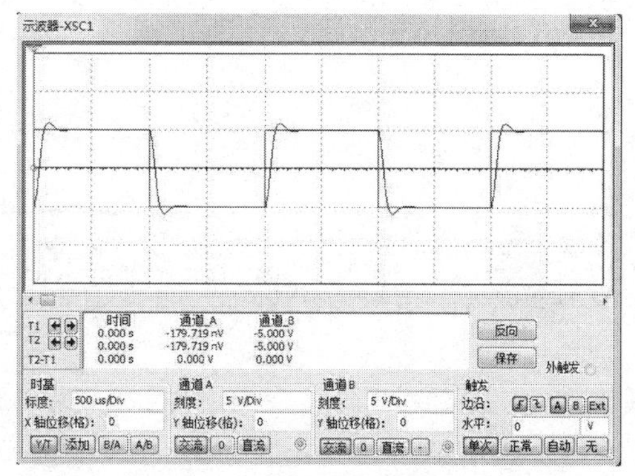

(b)临界阻尼曲线

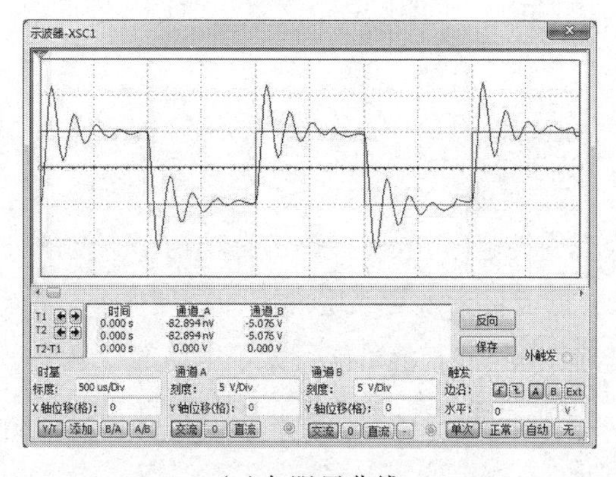

(c)欠阻尼曲线

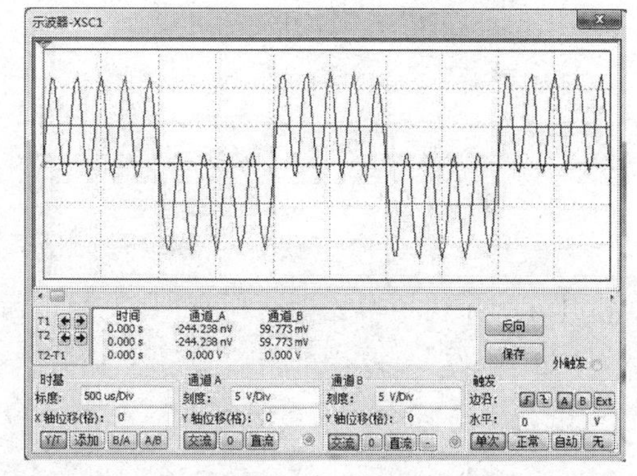

(d)无阻尼曲线

图 5 – 6 – 20　二阶动态电路的电容电压曲线

四、分析与讨论

(1)观察一阶 RC 电路的零状态响应和零输入响应曲线，比较两者的区别。

(2)分析二阶 R、L、C 串联电路的 R、L、C 值与动态响应曲线的关系。

(3)由元件参数计算临界阻尼状态的电阻值与实际测量值比较，有什么不同？

五、实验报告

(1)给出一阶 RC 电路的零输入、零状态及全响应曲线。

(2)给出二阶 R、L、C 串联电路欠阻尼、临界阻尼、过阻尼三种状态下的电容电压响应曲线，归纳元件参数改变对响应变化趋势的影响。

5.6.4　R、L、C 并联谐振的仿真

一、实验目的

(1)了解电路发生并联谐振的条件和特点。

(2)掌握并联谐振电路的幅频特性曲线和相频特性曲线的含义。

(3)学会用仿真软件的波特测试仪测试谐振电路的幅频特性曲线。

二、实验原理与说明

R、L、C 并联电路如图 5－6－21 所示,其等效导纳为

$$Y = \frac{\dot{I}}{\dot{U}} = G + \mathrm{j}\left(\omega C - \frac{1}{\omega L}\right)$$

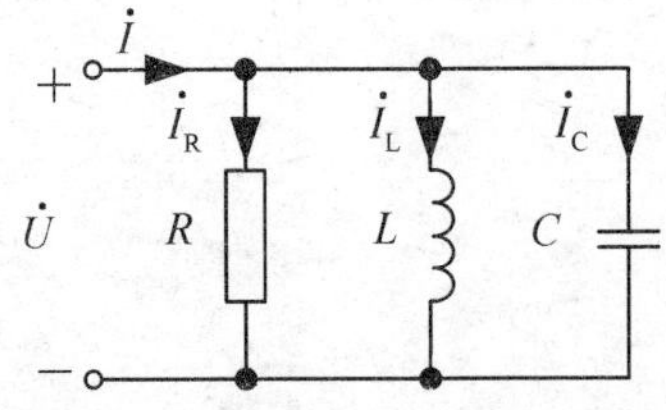

图 5－6－21　R、L、C 并联电路

当 $\omega C - \frac{1}{\omega L} = 0$ 时, $Y = G = \frac{1}{R}$,电压 U 和电流 I 同相,电路发生了谐振。因此, R、L、C 电路产生并联谐振的条件为

$$\omega_0 = \frac{1}{\sqrt{LC}} \quad 或 \quad f_0 = \frac{1}{2\pi \sqrt{LC}}$$

在 R、L、C 并联电路发生谐振时,电路表现为纯电阻,电源只提供有功功率。电感和电容的无功功率完全互相补偿,不与电源进行能量交换。当电源电压一定时,总电流最小。并联支路中的电容电流 I_{C} 和电感电流 I_{L} 相等,其值可能远大于电路的总电流 I。电感和电容支路产生大电流的能力可以用品质因数来表示。品质因数定义为电容支路电流或电感电流与总电流在谐振点的比值

$$Q = \frac{I_{\mathrm{L}}}{I} = \frac{I_{\mathrm{C}}}{I} = \frac{R}{\omega_0 L} = \omega_0 RC$$

由上式可知,在电路发生并联谐振时,电感电流和电容电流的大小是总电流的 Q 倍。

三、实验内容与步骤

在 Multisim 13.0 环境中创建如图 5－6－22 所示电路,数字万用表设置为交流电压表。

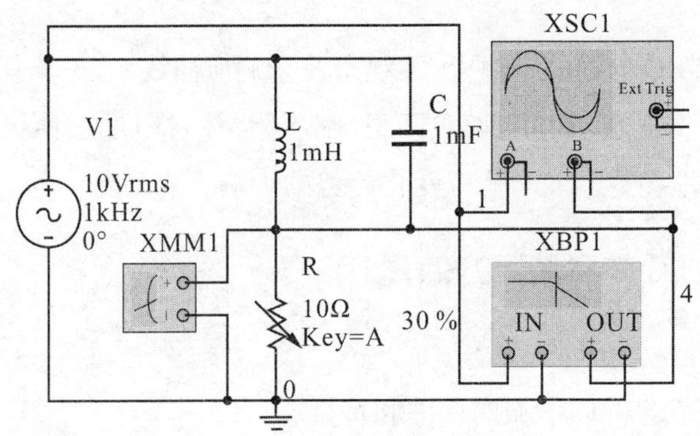

图 5－6－22　并联谐振仿真电路

1. 观察 R、L、C 并联电路的谐振现象,确定谐振点

(1)根据图 5-6-22 元件参数计算出该 R、L、C 并联电路的谐振频率。

(2)单击仿真开关按钮,启动电路仿真分析。改变信号源的频率,用示波器或电压表观察电路的谐振现象。由于电路发生谐振时,电路呈纯阻性,因此外加电压与谐振电流同相位,并联谐振电路的电压和电流波形如图 5-6-23 所示。

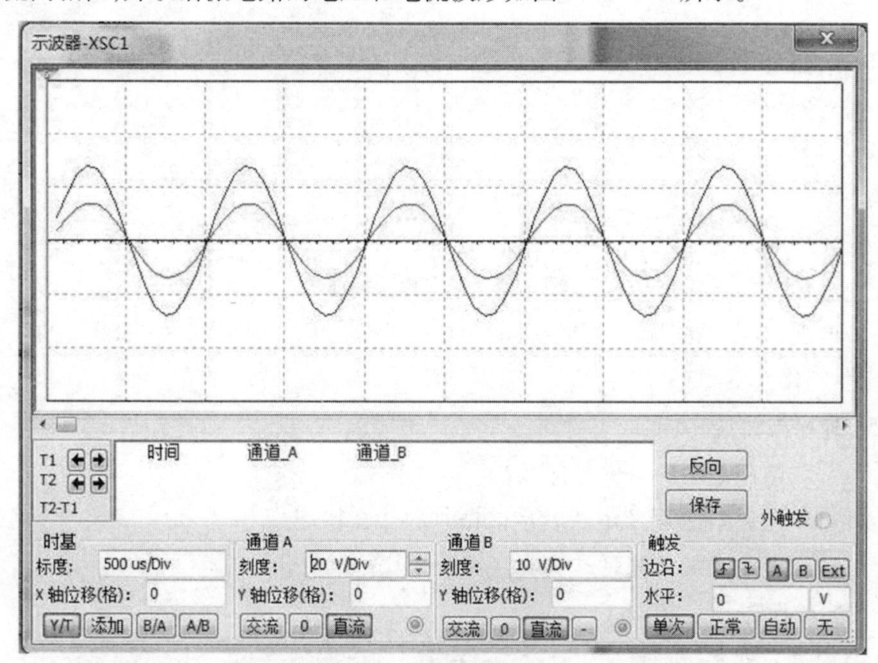

图 5-6-23 并联谐振电路的电压、电流波形

2. 并联谐振电路的幅频特性与相频特性

(1)打开仿真开关,双击波特测试仪,从左侧屏幕上可以看到并联电路的电流幅频特性曲线如图 5-6-24 所示。用鼠标左键按住屏幕左上角读数指针,将它拉到如图 5-6-24 所示位置,从屏幕下方可以读出该并联电路的谐振频率为 159.584Hz,增益约为 -28dB,这与利用公式计算结果基本相符。

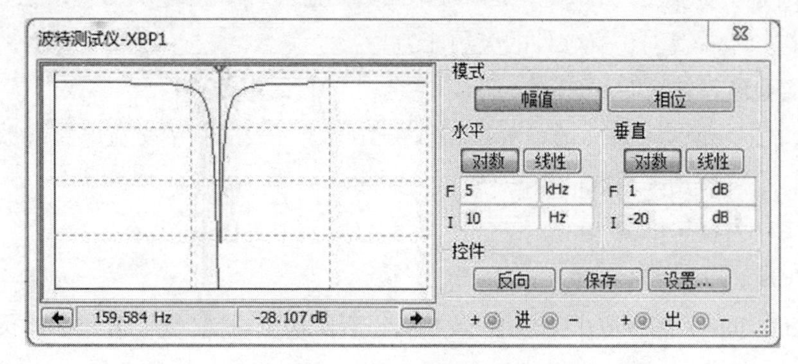

图 5-6-24 幅频特性

(2)按下波特测试仪面板右上角的“相位”按钮,得到 R、L、C 并联电路的电流相

频特性曲线如图 5－6－25 所示，拉出读数指针到适当位置，可以看出当 R、L、C 并联电路激励频率大于 160 Hz，电流超前电压，电路呈容性；激励频率小于 160 Hz，电流滞后电压，电路呈感性。

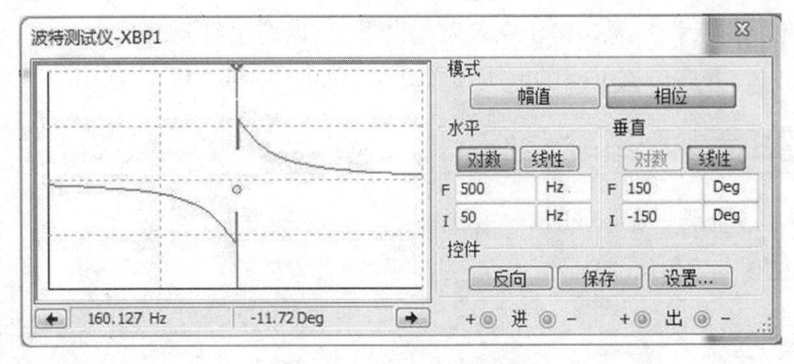

图 5－6－25　相频特性

（3）改变电阻 R 的阻值，用波特测试仪观察不同 R 值时 R、L、C 并联谐振电路的幅频特性有什么不同。

四、分析与讨论

（1）并联谐振产生的条件是什么？

（2）品质因数 Q 表明了电路发生谐振时的什么特性？

（3）研究电路参数对并联谐振电路的影响。

五、实验报告

（1）根据元件参数计算出 R、L、C 并联电路的谐振频率，并与仿真结果作比较。

（2）说明不同 R 值时对 R、L、C 并联谐振电路的幅频特性的影响。

5.6.5　正弦稳态交流电路的研究

一、实验目的

（1）加深对正弦交流电路中阻抗、相位差等概念的理解。

（2）通过仿真实验，加深理解提高功率因数的意义并掌握其方法。

（3）进一步提高对仿真软件的应用能力。

二、实验原理与说明

实验原理与说明可参考本教材第 4 章 4.10 节（三表法测量交流电路参数）、4.11 节（日光灯电路及功率因数的提高）的相关描述。

三、实验内容与步骤

1. 阻容移相电路仿真

在 Multisim 13.0 环境中创建图 5－6－26 所示仿真电路，数字万用表均设置为交流电压表。

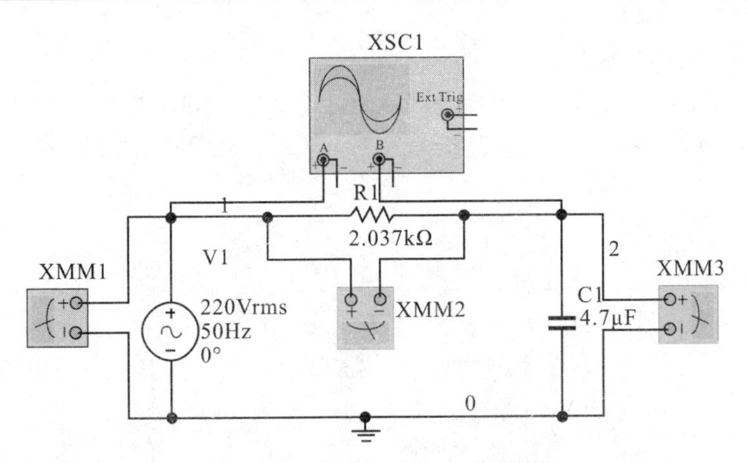

图5－6－26　RC 移相仿真实验电路

（1）单击仿真开关按钮，读取各电压表上的数值，记入表5－6－11中。用示波器观察输入电压V1和输出电压 U_C 的波形，如图5－6－27所示，测量输出电压 U_C 与输入电压V1的相位差 φ，记入表5－6－11中。

（2）改变电阻 R 的数值，$R=1019\Omega$，重复上述实验。

（3）改变电容 C 的数值，用示波器观测，使电路的输出电压 U_C 与输入电压V1的相位差为45°，记录电容 C 的值。

表5－6－11　RC 移相电路的电压三角形关系数据表

电阻 R	V1/V	U_R/V	U_C/V	φ
$R=2037\Omega$				
$R=1019\Omega$				

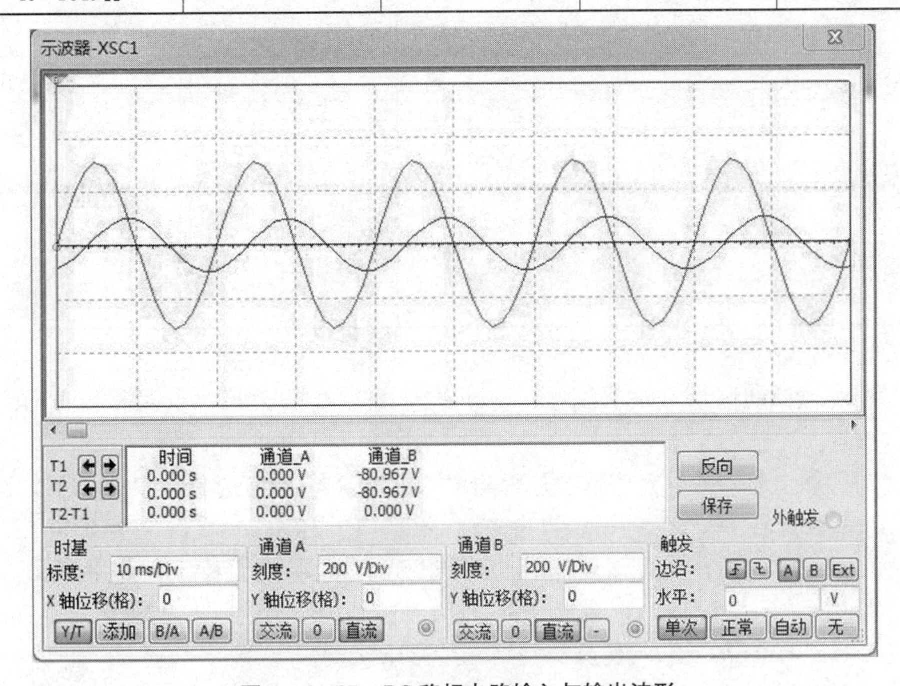

图5－6－27　RC 移相电路输入与输出波形

2. 功率因数的提高

在 Multisim 13.0 环境中创建如图 5－6－28 所示的仿真电路，电容 C 为虚拟电容，其值可变，其余各元件参数设置参考图 5－6－28，数字万用表设置为交流电流表。

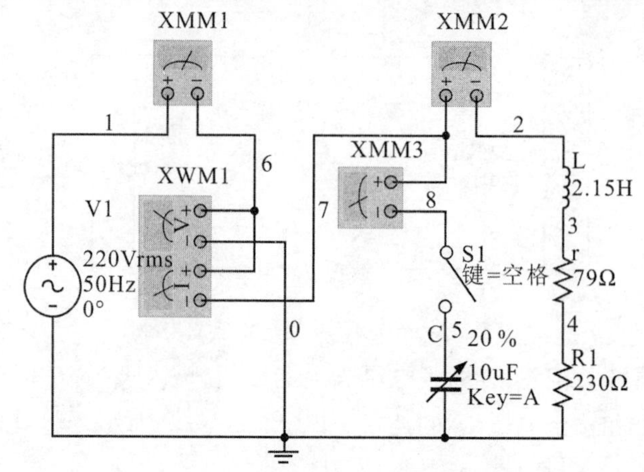

图 5－6－28　感性负载电路的功率因数提高仿真电路图

（1）开关 S 断开，单击仿真开关按钮，记录各电流表及功率表的读数于表 5－6－12中。

（2）闭合开关 S，改变并联电容 C 的数值（参考变化范围 1～8μF），通过电流表和功率表监测电路，观察电路总电流及功率因数的变化，寻找电路功率因数提高到 1 的电容值 C，记录此时的电容值及各支路电流、功率、功率因数，数据记入表5－6－12中。

（3）按表 5－6－12 所列数值改变电容 C，单击仿真开关按钮，读取各电流表和功率表的读数，数据记入表 5－6－12 中。

表 5－6－12　感性负载电路功率因数与并联电容 C 之间的关系数据表

并联电容 C/μF		1	2	3	4	5	6	7	8	9	10
I/A											
I_L/A											
I_C/A											
P/W											
$\cos\varphi$	1										

四、分析与讨论

（1）相位差的测量方法有哪些？分析改变电容 C 的大小对电路相位差有什么影响？

（2）并联电容器的电容值越大是否功率因数就越大，如何选择合适的电容？

五、实验报告

（1）根据实验内容 1 的数据，画出电压三角形相量图，验证 KVL 的相量形式。

（2）图 5－6－26 所示 RC 移相电路，计算使电路的输出电压 U_C 与输入电压 V1 的相位差为45°的电容 C 值，与仿真实验结果进行比较。

（3）绘出总电流 I、功率因数 $\cos\varphi$ 随并联电容 C 变化的曲线。

参考文献

[1]王勤,余定鑫,等.电路实验与实践.北京:高等教育出版社,2008.

[2]黄大纲,刘毅平,朱连津.电路基础实验.北京:清华大学出版社,2008.

[3]金波.电路分析实验教程.西安:西安电子科技大学出版社,2008.

[4]张彩荣.电路实验与实训教程.南京:东南大学出版社,2008.

[5]大连理工大学电工电子实验中心组.电路实验.2版.大连:大连理工大学出版社,2008.

[6]宋凤琴.电路实践教程.南京:河海大学出版社,2007.

[7]唐巍,赵宇先.电路实验教程.北京:中国电力出版社,2005.

[8]秦杏荣.电路实验基础.上海:同济大学出版社,2006.

[9]徐云,奎丽荣,周红,张丕进.电路实验与测量.北京:清华大学出版社,2008.

[10]高玉良.电路与电子技术实验教程.北京:中国电力出版社,2006.

[11]刘玉成.电路原理实验指导书.北京:中国水利水电出版社,2008.

[12]余佩琼.电路实验与仿真.北京:电子工业出版社,2016.

[13]刘晓文,陈贵真,薛雪.电路实验.2版.北京:机械工业出版社,2016.

[14]张海燕,刘艳昌,余周.电路分析基础与仿真测试.北京:北京邮电大学出版社,2010.

[15]吕波,王敏,等.Multisim14电路设计与仿真.北京:机械工业出版社,2016.

[16]穆秀春,郑爽,李娜.Multisim & Ultiboard 13原理图仿真与PCB设计.北京:电子工业出版社,2016.